ISBN-13: 978-1535577007
ISBN-10: 1535577002

Manual de
ENERGÍA EÓLICA
Funcionamiento, dimensionado y costes

Ing. Miguel D'Addario

**Primera edición
2016
CE**

ÍNDICE

ENERGÍAS RENOVABLES / 15
    Clasificación / *19*
    Evolución histórica / *21*
    Las fuentes de energía / *22*
    No renovables / *23*
        Energía fósil
        Energía nuclear / *24*
    Renovables o verdes / *25*
        Energía hidráulica / *26*
        Energía solar térmica / *27*
        Biomasa / *28*
        Energía solar / *29*
        Se distinguen dos componentes en la radiación solar
        Energía eólica / *31*
        Energía geotérmica / *36*
        Energía marina
    Polémicas / *38*
    Impacto ambiental / *39*
    Ventajas e inconvenientes de la energía renovable / *41*
    Energías ecológicas
    Irregularidad / *43*
    Fuentes renovables contaminantes / *44*
    Diversidad geográfica / *45*
    Administración de las redes eléctricas / *46*
    La integración en el paisaje / *47*
    Las fuentes de energía renovables en la actualidad / *48*
    Central hidroeléctrica
    Producción de energía y autoconsumo / *49*
    Instituciones que fomentan las Energías Renovables / *51*

DEFINICIÓN DE ENERGÍA EÓLICA / 53
    Referencias normativas / *56*

TERMINOLOGÍA EÓLICA / *57*

HISTORIA / *61*
    La energía eólica en el mundo / *70*
    Tabla: Países líderes en eólica instalada en el mundo / *72*
    Impacto ambiental / *74*
    Efecto sobre las aves / *75*
    Estadísticas de decesos de aves / *77*
    Efecto visual sobre el paisaje
    Ruido ocasionado / *78*
    Escala de Decibelios / *79*
    Aplicaciones de la energía eólica / *80*

RECURSOS EÓLICOS / 82
El viento como recurso energético
Circulación del viento influenciado por la rotación terrestre / **83**
Vientos próximos al emplazamiento / **84**
Indicadores biológicos / **87**
Escala Beaufort / **89**
Relación de velocidades de viento para escala Beaufort / **90**
Mapas eólicos / **91**
Perfil de velocidades de viento. Tablas / **93**
Instrumentos de medición del viento / **95**

VENTAJAS Y DESVENTAJAS DE LA ENERGÍA EÓLICA / 99
Ventajas de la Energía eólica
Inconvenientes de la energía eólica / **103**
Ventajas / **106**
Desventajas
Países líderes / **107**
Proyectos eólicos / **109**

PARQUES EÓLICOS / 110
Alemania
Reino Unido
España
Argentina
Chile
México
República Dominicana
Ecuador
Venezuela
Uruguay
Estados Unidos
Rumania
Los parques eólicos más grandes del mundo / **117**

TECNOLOGÍA DE LOS AEROGENERADORES / 127
Tipos de aerogeneradores / **130**
Aerogeneradores de eje horizontal
Las partes principales de un aerogenerador de eje horizontal
Existen 2 tipologías principales de generadores eléctricos: con y sin caja multiplicadora / **132**
Aerogeneradores de eje vertical / **137**
Sus ventajas
Sus desventajas / **138**
Micro y minieólica / **139**
    Microeólica
    Minieólica / **140**
    Aplicaciones / **141**

Auge de la microeólica y la minieólica / **142**
Componentes de un sistema eólico / **144**
Aerogeneradores / **145**
Un aerogenerador consta de muchos componentes
    Rotor
    Torre
    Palas
    Góndola
    Transformador
    Generador
    Conexiones eléctricas y controladores
    Sistemas de protección y control
    Sistema de orientación y protección
    Baterías o acumuladores
    Inversores
    Controladores de carga
Los elementos accesorios / **146**
    El buje
    Eje de baja velocidad
    El multiplicador
    Eje de alta velocidad
    La unidad de refrigeración
    El anemómetro y el panel

DIMENSIONAMIENTO DE SISTEMA / 184

Se analizarán
    Cálculo de la demanda y el suministro de energía
    Determinar el tamaño de la instalación
    Tener en cuenta el dimensionado exacto
Estudio de la demanda a cubrir / **186**
Observaciones / **190**
Cálculo de energía demandada / **193**
La energía E / **194**
    Factor: kb / **197**
    Factor: ka / **198**
    Factor: ki / **199**
    Factor: jk
Capacidad nominal de las baterías C / **200**
Componentes electrónicos / **201**
Controlador de voltaje
Inversor / **202**
Balastro, carga de apoyo
Pérdidas en los cables / **203**
Juguete eólico / **204**

SEGURIDAD Y MANTENIMIENTO / 205

    Interferencia eléctrica / **207**
    Sombra proyectada
    Ruido / **208**
    Mantenimiento / **209**

Cochecito eólico / **210**

COSTOS Y BENEFICIOS / 211
Costes de inversión
Costes de funcionamiento / **212**

AEROBOMBEO / 214
Sistema de bombeo
Instalación de la bomba / **215**
Bombeo eólico para generar electricidad (turbina) / **217**
Implementación de pequeños sistemas eólicos
Mantenimiento / **219**

EL FUTURO DE LA ENERGÍA EÓLICA / 223
Parques eólicos marinos (offshore)
Proyección de instalaciones marinas a futuro / **224**
Ventajas de los emplazamientos marinos
Mayores velocidades de viento / **225**
Mayor estabilidad de viento / **226**
Detalle del emplazamiento marino de aerogeneradores / **227**
Mayor recurso eólico
Menor turbulencia: Mayor vida de la turbina / **228**
Detalle cableado en parques eólicos marinos
Costes de los parques eólicos marinos / **229**
Economías de escala
Tamaño de los aerogeneradores / **230**
Tamaño de los parques / **231**
Nuevas tecnologías de cimentación / **232**
Cimentaciones por gravedad
Cimentaciones monopila / **233**
Reutilización de las cimentaciones
Modificaciones diseño aeroturbinas en parques marinos / **234**
Operación del parque eólico / **235**
Impacto medioambiental / **236**
Emisión de CO_2 / **237**

ESQUEMAS EÓLICOS / 239
Software de control
Estructura del sistema de control de un aerogenerador / **240**
Generador trifásico eólico / **241**
Circuito central eólica / **242**
Infografía Eólica marina (UK) / **243**
Zonas de energía eólica en España (Mapa eólico) / **244**
Infografía energía eólica terrestre / **245**
Infografía corte de una góndola y sus partes interiores / **246**
Comparativo altura aerogenerador con torres del mundo / **247**
Infografía potencia mundial de energía eólica / **248**

*Plano de palas y circuito eléctrico del aerogenerador / **249***
*Zona eólica marina en España / **250***

UNIDADES Y FACTORES DE CONVERSIÓN / 251
Abreviaturas de las unidades
*Escala velocidades del viento / **252***
*Tabla de longitudes y rugosidad / **253***
Tabla Densidad del aire a presión atmosférica estándar
*Tabla Potencia del viento / **254***
Unidades de energía
*Unidades de potencia / **255***
*Plano Sistema híbrido Eólico – Fotovoltaico / **256***

26 PREGUNTAS SOBRE ENERGÍA EÓLICA / 257

ENERGÍAS RENOVABLES

Se denomina energía renovable a la energía que se obtiene de fuentes naturales virtualmente inagotables, ya sea por la inmensa cantidad de energía que contienen, o porque son capaces de regenerarse por medios naturales. Entre las energías renovables se cuentan la eólica, geotérmica, hidroeléctrica, mareomotriz, solar, undimotriz, la biomasa y los biocarburantes.

Un concepto similar, pero no idéntico es el de las energías alternativas: una energía alternativa, o más precisamente una fuente de energía alternativa es aquella que puede suplir a las energías o fuentes energéticas actuales, ya sea por su menor efecto contaminante, o fundamentalmente por su posibilidad de renovación.

El consumo de energía es uno de los grandes medidores del progreso y bienestar de una sociedad. El concepto de "crisis energética" aparece cuando las fuentes de energía de las que se abastece la sociedad se agotan. Un modelo económico como el actual, cuyo funcionamiento depende de un continuo crecimiento, exige también una demanda igualmente creciente de energía. Puesto que las fuentes de energía fósil y nuclear son finitas, es inevitable que en un determinado momento la demanda no pueda ser abastecida y todo el sistema colapse, salvo que se descubran y desarrollen otros nuevos métodos para obtener energía: éstas serían las energías alternativas. Por otra parte, el empleo de las fuentes de energía actuales tales como el petróleo, gas natural o carbón acarrea consigo problemas como la progresiva contaminación, o el aumento de los gases invernadero.

La discusión energía alternativa/convencional no es una mera clasificación de las fuentes de energía, sino que representa un cambio que necesariamente tendrá que producirse durante este siglo.

De hecho, el concepto «energía alternativa», es un poco anticuado. Nació hacia los años 70 del pasado siglo, cuando empezó a tenerse en cuenta la posibilidad de que las energías tradicionalmente usadas, energías de procedencia fósil, se agotasen en un plazo más o menos corto (idea especialmente extendida a partir de la publicación, en 1972, del informe al Club de Roma, Los límites del crecimiento) y era necesario encontrar alternativas más duraderas.

Actualmente ya no se puede decir que sean una posibilidad alternativa: son una realidad y el uso de estas energías, por entonces casi quiméricas, se extiende por todo el mundo y forman parte de los medios de generación de energía normales.

Aun así es importante reseñar que las energías alternativas, aun siendo renovables, son limitadas y, como cualquier otro recurso natural tienen un potencial máximo de explotación, lo que no quiere decir que se puedan agotar. Por tanto, incluso aunque se pueda realizar una transición a estas nuevas energías de forma suave y gradual, tampoco van a permitir continuar con el modelo económico actual basado en el crecimiento perpetuo. Por ello ha surgido el concepto de Desarrollo sostenible. Dicho modelo se basa en las siguientes premisas:

- El uso de fuentes de energía renovable, ya que las fuentes fósiles actualmente explotadas terminarán agotándose, según los pronósticos actuales, en el transcurso de este siglo XXI.
- El uso de fuentes limpias, abandonando los procesos de combustión convencionales y la fisión nuclear.

- La explotación extensiva de las fuentes de energía, proponiéndose como alternativa el fomento del autoconsumo, que evite en la medida de lo posible la construcción de grandes infraestructuras de generación y distribución de energía eléctrica.

- La disminución de la demanda energética, mediante la mejora del rendimiento de los dispositivos eléctricos (electrodomésticos, lámparas, etc.).

- Reducir o eliminar el consumo energético innecesario. No se trata solo de consumir más eficientemente, sino de consumir menos, es decir, desarrollar una conciencia y una cultura del ahorro energético y condena del despilfarro.

- La producción de energías limpias, alternativas y renovables no es por tanto una cultura o un intento de mejorar el medio ambiente, sino una necesidad a la que el ser humano se va a ver abocado, independientemente de nuestra opinión, gustos o creencias.

Clasificación

Las fuentes renovables de energía pueden dividirse en dos categorías: no contaminantes o limpias y contaminantes. Entre las primeras:

La llegada de masas de agua dulce a masas de agua salada: energía azul.

El viento: energía eólica.

El calor de la Tierra: energía geotérmica.

Los ríos y corrientes de agua dulce: energía hidráulica o hidroeléctrica.

Los mares y océanos: energía mareomotriz.

El Sol: energía solar.

Las olas: energía undimotriz.

Las contaminantes se obtienen a partir de la materia orgánica o biomasa, y se pueden utilizar directamente como combustible (madera u otra materia vegetal sólida), bien convertida en bioetanol o biogás mediante procesos de fermentación orgánica o en biodiesel, mediante reacciones de transesterificación y de los residuos urbanos.

Las energías de fuentes renovables contaminantes tienen el mismo problema que la energía producida por combustibles fósiles: en la combustión emiten dióxido de carbono, gas de efecto invernadero, y a menudo son aún más contaminantes puesto que la combustión no es tan limpia, emitiendo hollines y otras partículas sólidas. Se encuadran dentro de las energías renovables porque mientras puedan cultivarse los vegetales que las producen, no se agotarán. También se consideran más limpias que sus equivalentes fósiles, porque teóricamente el dióxido de carbono emitido en la combustión ha sido previamente absorbido al transformarse en materia orgánica mediante fotosíntesis. En realidad no es equivalente la cantidad absorbida previamente con la emitida en la combustión, porque en los procesos de siembra, recolección, tratamiento y transformación, también se consume energía, con sus correspondientes emisiones.

Además, se puede atrapar gran parte de las emisiones de CO_2 para alimentar cultivos de microalgas, ciertas bacterias y levaduras (potencial fuente de fertilizantes y piensos, sal (en el caso de las microalgas de agua salobre o salada) y biodiesel/etanol respectivamente, y medio para la eliminación de hidrocarburos y dioxinas en el caso de las bacterias y levaduras (proteínas petrolíferas) y el problema de las partículas se resuelve con la gasificación y la combustión completa (combustión a muy altas temperaturas, en una atmósfera muy rica en O_2) en combinación con medios descontaminantes de las emisiones como los filtros y precipitadores de partículas (como el precipitador Cottrel), o como las superficies de carbón activado.

También se puede obtener energía a partir de los residuos sólidos urbanos y de los lodos de las centrales depuradoras y potabilizadoras de agua. Energía que también es contaminante, pero que también lo sería en gran medida si no se aprovechase, pues los procesos de pudrición de la materia orgánica se realizan con emisión de gas natural y de dióxido de carbono.

Evolución histórica

Las energías renovables han constituido una parte importante de la energía utilizada por los humanos desde tiempos remotos, especialmente la solar, la eólica y la hidráulica. La navegación a vela, los molinos de viento o de agua y las disposiciones constructivas de los edificios para aprovechar la del sol, son buenos ejemplos de ello.

Con el invento de la máquina de vapor por James Watt, se van abandonando estas formas de aprovechamiento, por considerarse inestables en el tiempo y caprichosas y se utilizan cada vez más los motores térmicos y eléctricos, en una época en que el todavía relativamente escaso consumo, no hacía prever un agotamiento de las fuentes, ni otros problemas ambientales que más tarde se presentaron. Hacia la década de años 1970 las energías renovables se consideraron una alternativa a las energías tradicionales, tanto por su disponibilidad presente y futura garantizada (a diferencia de los combustibles fósiles que precisan miles de años para su formación) como por su menor impacto ambiental en el caso de las energías limpias, y por esta razón fueron llamadas energías alternativas. Actualmente muchas de estas energías son una realidad, no una alternativa, por lo que el nombre de alternativas ya no debe emplearse.

Las fuentes de energía

Las fuentes de energía se pueden dividir en dos grandes subgrupos: permanentes (renovables) y temporales (no renovables).

No renovables

Los combustibles fósiles son recursos no renovables, cuyas reservas son limitadas y se agotan con el uso. En algún momento se acabarán, y serán necesarios millones de años para contar nuevamente con ellos. Las principales son los combustibles fósiles (el petróleo, el gas natural y el carbón) y, en cierto modo, la energía nuclear.

Energía fósil

Los combustibles fósiles se pueden utilizar en forma sólida (carbón), líquida (petróleo) o gaseosa (gas natural). Son acumulaciones de seres vivos que vivieron hace millones de años y que se han fosilizado formando carbón o hidrocarburos. En el caso del carbón se trata de bosques de zonas pantanosas, y en el caso del petróleo y el gas natural de grandes masas de plancton marino acumuladas en el fondo del mar. En ambos casos la materia orgánica se descompuso parcialmente por falta de oxígeno y acción de la temperatura, la presión y determinadas bacterias de forma que quedaron almacenadas moléculas con enlaces de alta energía.

La energía más utilizada en el mundo es la energía fósil. Si se considera todo lo que está en juego, es de suma importancia medir con exactitud las reservas de combustibles fósiles del planeta. Se distinguen las "reservas identificadas" aunque no estén explotadas, y las "reservas probables", que se podrían descubrir con las tecnologías futuras. Según los cálculos, el planeta puede suministrar energía durante 40 años más (si solo se utiliza el petróleo) y más de 200 (si se sigue utilizando el carbón). Hay alternativas actualmente en estudio: la energía de fusión nuclear —no renovable, pero con reservas inmensas de combustible—, las energías renovables o las pilas de hidrógeno.

Energía nuclear

El núcleo atómico de elementos pesados como el uranio, puede ser desintegrado (fisión nuclear) y liberar energía radiante y cinética. Las centrales termonucleares aprovechan esta energía para producir electricidad mediante turbinas de vapor de agua. Se obtiene "rompiendo" (fisionando) átomos de minerales radiactivos en reacciones en cadena que se producen en el interior de un reactor nuclear.

Una consecuencia de la actividad de producción de este tipo de energía, son los residuos nucleares, que pueden tardar miles de años en desaparecer, porque tardan ese tiempo en perder la radiactividad.

Sin embargo existe otra posibilidad de energía nuclear que, hasta el momento solo está en fase de investigación: la energía nuclear de fusión, que consiste en unir (fundir) dos átomos de hidrógeno para obtener un átomo de helio, con producción de energía abundante. El combustible es en este caso hidrógeno, abundante en la tierra y el residuo helio, no radiactivo ni contaminante. De conseguirse un proceso para obtener esta energía, sería también una energía no contaminante.

Renovables o verdes

Energía verde es un término que describe la energía generada a partir de fuentes de energía primaria respetuosas con el medio ambiente. Las energías verdes son energías renovables que no contaminan, es decir, cuyo modo de obtención o uso no emite subproductos que puedan incidir negativamente en el medio ambiente.

Actualmente, están cobrando mayor importancia a causa del agravamiento del efecto invernadero y el consecuente calentamiento global, acompañado por una mayor toma de conciencia a nivel internacional con respecto a dicho problema. Asimismo, economías nacionales que no poseen o agotaron sus fuentes de energía tradicionales (como el petróleo o el gas) y necesitan adquirir esos recursos de otras economías, buscan evitar dicha dependencia energética, así como el negativo en su balanza comercial que esa adquisición representa.

Energía hidráulica

La energía potencial acumulada en los saltos de agua puede ser transformada en energía eléctrica. Las centrales hidroeléctricas aprovechan la energía de los ríos para poner en funcionamiento unas turbinas que mueven un generador eléctrico. En España se utiliza esta energía para producir alrededor de un 15 % del total de la electricidad.

Uno de los recursos más importantes cuantitativamente en la estructura de las energías renovables es la procedente de las instalaciones hidroeléctricas; una fuente energética limpia y autóctona pero para la que se necesita construir las necesarias infraestructuras que permitan aprovechar el potencial disponible con un coste nulo de combustible. El problema de este tipo de energía es que depende de las condiciones climatológicas.

Energía solar térmica

Se trata de recoger la energía del sol a través de paneles solares y convertirla en calor el cual puede destinarse a satisfacer numerosas necesidades. Por ejemplo, se puede obtener agua caliente para consumo doméstico o industrial, o bien para dar calefacción a hogares, hoteles, colegios o fábricas. También, se podrá conseguir refrigeración durante las épocas cálidas. En agricultura se pueden conseguir otro tipo de aplicaciones como invernaderos solares que favorecieran las mejoras de las cosechas en calidad y cantidad, los secaderos agrícolas que consumen mucha menos energía si se combinan con un sistema solar, y plantas de purificación o desalinización de aguas sin consumir ningún tipo de combustible. Con este tipo de energía se podría reducir más del 25 % del consumo de energía convencional en viviendas de nueva construcción con la consiguiente reducción de quema de combustibles fósiles y deterioro ambiental. La obtención de agua caliente supone en torno al 28 % del consumo de energía en las viviendas y que éstas, a su vez, demandan algo más del 12 % de la energía en España.

Biomasa

La formación de biomasa a partir de la energía solar se lleva a cabo por el proceso denominado fotosíntesis vegetal que a su vez es desencadenante de la cadena biológica. Mediante la fotosíntesis las plantas que contienen clorofila, transforman el dióxido de carbono y el agua de productos minerales sin valor energético, en materiales orgánicos con alto contenido energético y a su vez sirven de alimento a otros seres vivos. La biomasa mediante estos procesos almacena a corto plazo la energía solar en forma de carbono. La energía almacenada en el proceso fotosintético puede ser posteriormente transformada en energía térmica, eléctrica o carburantes de origen vegetal, liberando de nuevo el dióxido de carbono almacenado.

Energía solar

Los paneles fotovoltaicos convierten directamente la energía lumínica en energía eléctrica.

La energía solar es una fuente de vida y origen de la mayoría de las demás formas de energía en la Tierra. Cada año la radiación solar aporta a la Tierra la energía equivalente a varios miles de veces la cantidad de energía que consume la humanidad. Recogiendo de forma adecuada la radiación solar, esta puede transformarse en otras formas de energía como energía térmica o energía eléctrica utilizando paneles solares.

Mediante colectores solares, la energía solar puede transformarse en energía térmica, y utilizando paneles fotovoltaicos la energía lumínica puede transformarse en energía eléctrica. Ambos procesos nada tienen que ver entre sí en cuanto a su tecnología. Así mismo, en las centrales térmicas solares se utiliza la energía térmica de los colectores solares para generar electricidad.

Se distinguen dos componentes en la radiación solar: La radiación directa y la radiación difusa.

La radiación directa es la que llega directamente del foco solar, sin reflexiones o refracciones intermedias. La difusa es la emitida por la bóveda celeste diurna gracias a los múltiples fenómenos de reflexión y refracción solar en la atmósfera, en las nubes, y el resto de elementos atmosféricos y terrestres. La radiación directa puede reflejarse y concentrarse para su utilización, mientras que no es posible concentrar la luz difusa que proviene de todas direcciones. Sin embargo, tanto la radiación directa como la radiación difusa son aprovechables. Se puede diferenciar entre receptores activos y pasivos en que los primeros utilizan mecanismos para orientar el sistema receptor hacia el Sol -llamados seguidores- y captar mejor la radiación directa.

Una importante ventaja de la energía solar es que permite la generación de energía en el mismo lugar de consumo mediante la integración arquitectónica en edificios. Así, podemos dar lugar a sistemas de generación distribuida en los que se eliminen casi por completo las pérdidas relacionadas con el transporte -que en la actualidad suponen aproximadamente el 40 % del total- y la dependencia energética.

Las diferentes tecnologías fotovoltaicas se adaptan para sacar el máximo rendimiento posible de la energía que recibimos del sol. De esta forma por ejemplo los sistemas de concentración solar fotovoltaica (CPV por sus siglas en inglés) utiliza la radiación directa con receptores activos para maximizar la producción de energía y conseguir así un coste menor por kWh producido. Esta tecnología resulta muy eficiente para lugares de alta radiación solar, pero actualmente no puede competir en precio en localizaciones de baja radiación solar como Centro Europa, donde tecnologías como la célula solar de película fina (también llamada Thin Film) están consiguiendo reducir también el precio de la tecnología fotovoltaica tradicional a cotas nunca vistas.

Energía eólica

La energía eólica es la energía obtenida de la fuerza del viento, es decir, mediante la utilización de la energía cinética generada por las corrientes de aire. Se obtiene mediante unas turbinas eólicas que convierten la energía cinética del viento en energía eléctrica por medio de aspas o hélices que hacen girar un eje central conectado, a través de una serie engranajes (la transmisión) a un generador eléctrico.

El término eólico viene del latín "Aeolicus" (griego antiguo Αἴολος / Aiolos), perteneciente o relativo a Éolo o Eolo, dios de los vientos en la mitología griega y, por tanto, perteneciente o relativo al viento. La energía eólica ha sido aprovechada desde la antigüedad para mover los barcos impulsados por velas o hacer funcionar la maquinaria de molinos al mover sus aspas. Es un tipo de energía verde.

La energía del viento está relacionada con el movimiento de las masas de aire que desplazan de áreas de alta presión atmosférica hacia áreas adyacentes de baja presión, con velocidades proporcionales (gradiente de presión). Por lo que puede decirse que la energía eólica es una forma no-directa de energía solar. Las diferentes temperaturas y presiones en la atmósfera, provocadas por la absorción de la radiación solar, son las que ponen al viento en movimiento.

Es una energía limpia y también la menos costosa de producir, lo que explica el fuerte entusiasmo por sus aplicaciones. De entre todas ellas, la más extendida, y la que cuenta con un mayor crecimiento es la de los parques eólicos para producción eléctrica.

Un parque eólico es la instalación integrada de un conjunto de aerogeneradores interconectados eléctricamente. Los aerogeneradores son los elementos claves de la instalación de los parques eólicos que, básicamente, son una evolución de los tradicionales molinos de viento. Como tales son máquinas rotativas que suelen tener tres aspas, de unos 20-25 metros, unidas a un eje. El elemento de captación o rotor que está unido a este eje, capta la energía del viento. El movimiento de las aspas o paletas, accionadas por el viento, activa un generador eléctrico que convierte la energía mecánica de la rotación en energía eléctrica.

Estos aerogeneradores suelen medir unos 40-50 metros de altura dependiendo de la orografía del lugar, pero pueden ser incluso más altos. Este es uno de los grandes problemas que afecta a las poblaciones desde el punto de vista estético.

Los aerogeneradores pueden trabajar solos o en parques eólicos, sobre tierra formando las granjas eólicas, sobre la costa del mar o incluso pueden ser instalados sobre las aguas a cierta distancia de la costa en lo que se llama granja eólica marina, la cual está generando grandes conflictos en todas aquellas costas en las que se pretende construir parques eólicos.

Aprovechamiento tradicional de la energía eólica para sacar agua de un pozo.

El gran beneficio medioambiental que proporciona el aprovechamiento del viento para la generación de energía eléctrica viene dado, en primer lugar, por los niveles de emisiones gaseosas evitados, en comparación con los producidos en centrales térmicas. En definitiva, contribuye a la estabilidad climática del planeta. Un desarrollo importante de la energía eléctrica de origen eólico puede ser, por tanto, una de las medidas más eficaces para evitar el efecto invernadero ya que, a nivel mundial, se considera que el sector eléctrico es responsable del 29 % de las emisiones de CO_2 del planeta.

Como energía limpia que es, contribuye a minimizar el calentamiento global. Centrándose en las ventajas sociales y económicas que nos incumben de una manera mucho más directa, son mayores que los beneficios que aportan las energías convencionales. El desarrollo de este tipo de energía puede reforzar la competitividad general de la industria y tener efectos positivos y tangibles en el desarrollo regional, la cohesión económica y social y el empleo.

Hay quienes consideran que la eólica no supone una alternativa a las fuentes de energía actuales, ya que no genera energía constantemente cuando no sopla el viento. Es la intermitencia uno de sus principales inconvenientes. El impacto en detrimento de la calidad del paisaje, los efectos sobre la avifauna y el ruido, suelen ser los efectos negativos que generalmente se citan como inconvenientes medioambientales de los parques eólicos.

Con respecto a los efectos sobre la avifauna el impacto de los aerogeneradores no es tan importante como pudiera parecer en un principio. Otro de los mayores inconvenientes es el efecto pantalla que limita de manera notable la visibilidad y posibilidades de control que constituye la razón de ser de sus respectivos emplazamientos, consecuencia de la alineación de los aerogeneradores. A las limitaciones visuales se añaden las previsibles interferencias electromagnéticas en los sistemas de comunicación.

Energía geotérmica

La energía geotérmica es aquella energía que puede ser obtenida por el hombre mediante el aprovechamiento del calor del interior de la Tierra.

Parte del calor interno de la Tierra (5.000 °C) llega a la corteza terrestre. En algunas zonas del planeta, cerca de la superficie, las aguas subterráneas pueden alcanzar temperaturas de ebullición, y, por tanto, servir para accionar turbinas eléctricas o para calentar.

El calor del interior de la Tierra se debe a varios factores, entre los que destacan el gradiente geotérmico y el calor radiogénico. Geotérmico viene del griego geo, "Tierra"; y de thermos, "calor"; literalmente calor de la Tierra.

Energía marina

La energía marina o energía de los mares (también denominada a veces energía de los océanos o energía oceánica) se refiere a la energía renovable producida por las olas del mar, las mareas, la salinidad y las diferencias de temperatura del océano. El movimiento del agua en los océanos del mundo crea un vasto almacén de energía cinética o energía en movimiento.

Esta energía se puede aprovechar para generar electricidad que alimente las casas, el transporte y la industria. Los principales tipos son:

- Energía de las olas, olamotriz o undimotriz.
- Energía de las mareas o energía mareomotriz.
- Energía de las corrientes: consiste en el aprovechamiento de la energía cinética contenida en las corrientes marinas. El proceso de captación se basa en convertidores de energía cinética similares a los aerogeneradores empleando en este caso instalaciones submarinas para corrientes de agua.

Maremotérmica: se fundamenta en el aprovechamiento de la energía térmica del mar basado en la diferencia de temperaturas entre la superficie del mar y las aguas profundas. El aprovechamiento de este tipo de energía requiere que el gradiente térmico sea de al menos 20º. Las plantas maremotérmicas transforman la energía térmica en energía eléctrica utilizando el ciclo termodinámico denominado "ciclo de Rankine" para producir energía eléctrica cuyo foco caliente es el agua de la superficie del mar y el foco frío el agua de las profundidades.

Energía osmótica: Es la energía de los gradientes de salinidad.

Polémicas

Existe cierta polémica sobre la inclusión de la incineración (dentro de la energía de la biomasa) y de la energía hidráulica (a gran escala) como energías verdes, por los impactos medioambientales negativos que producen, aunque se trate de energías renovables.

El estatus de energía nuclear como « energía limpia» es objeto de debate. En efecto, aunque presenta una de las más bajas tasas de emisiones de gases de efecto invernadero, genera desechos nucleares cuya eliminación no está aún resuelta. Según la definición actual de "desecho" no se trata de una energía limpia.

Aunque las ventajas de este tipo de energías son notorias, también ha causado diversidad en la opinión pública. Por un lado, colectivos ecologistas como Greenpeace, han alzado la voz sobre el impacto ambiental que la biomasa puede llegar a causar en el medio ambiente y también sobre el negocio que muchos han visto en este nuevo sector. Este colectivo junto con otras asociaciones ecologistas han rechazado el impacto que energías como la eólica causan en el entorno, aunque es menor que las fuentes no renovables. Para ello han propuesto que los generadores se instalen en el mar obteniendo mayor cantidad de energía y evitando una contaminación paisajística. Ahora bien, estas alternativas han sido rechazadas por otros sectores, principalmente el empresarial, debido a su alto coste económico y también, según los ecologistas, por el afán de monopolio de las empresas energéticas. Algunos empresarios en cambio defienden la necesidad de tal impacto pues de esa forma los costes son menores y por tanto el precio a pagar por los usuarios es más bajo.

Impacto ambiental

Todas las fuentes de energía producen algún grado de impacto ambiental. La energía geotérmica puede ser muy nociva si se arrastran metales pesados y gases de efecto invernadero a la superficie; la eólica produce impacto visual en el paisaje, ruido de baja frecuencia, puede ser una trampa para aves. La hidráulica menos agresiva es la minihidráulica ya que las grandes presas provocan pérdida de biodiversidad, generan metano por la materia vegetal no retirada, provocan pandemias como fiebre amarilla, dengue, equistosomiasis en particular en climas templados y climas cálidos, inundan zonas con patrimonio cultural o paisajístico, generan el movimiento de poblaciones completas, entre otros Asuán, Itaipú, Yacyretá y aumentan la salinidad de los cauces fluviales. La energía solar se encuentra entre las menos agresivas debido a la posibilidad de su generación distribuida salvo la electricidad fotovoltaica y termoeléctrica producida en grandes plantas de conexión a red, que utilizan generalmente una gran extensión de terreno. La mareomotriz se ha descontinuado por los altísimos costos iniciales y el impacto ambiental que suponen. La energía de las olas junto con la energía de las corrientes marinas, habitualmente tiene bajo impacto ambiental, ya que usualmente se ubican en costas agrestes. La energía de la biomasa produce contaminación durante la combustión por emisión de CO_2 pero que es reabsorbida por el crecimiento de las plantas cultivadas y necesita tierras cultivables para su desarrollo, disminuyendo la cantidad de tierras cultivables disponibles para el consumo humano y para la ganadería, con un peligro de aumento del coste de los alimentos y aumentando la producción de monocultivos.

Ventajas e inconvenientes de la energía renovable

Energías ecológicas

Las fuentes de energía renovables son distintas a las de combustibles fósiles o centrales nucleares debido a su diversidad y abundancia. Se considera que el Sol abastecerá estas fuentes de energía (radiación solar, viento, lluvia, etc.) durante los próximos cuatro mil millones de años. La primera ventaja de una cierta cantidad de fuentes de energía renovables es que no producen gases de efecto invernadero ni otras emisiones, contrariamente a lo que ocurre con los combustibles, sean fósiles o renovables. Algunas fuentes renovables no emiten dióxido de carbono adicional, salvo los necesarios para su construcción y funcionamiento, y no presentan ningún riesgo suplementario, tales como el riesgo nuclear.

No obstante, algunos sistemas de energía renovable generan problemas ecológicos particulares. Así pues, los primeros aerogeneradores eran peligrosos para los pájaros, pues sus aspas giraban muy deprisa, mientras que las centrales hidroeléctricas pueden crear obstáculos a la emigración de ciertos peces, un problema serio en muchos ríos del mundo (en los del noroeste de Norteamérica que desembocan en el océano Pacífico, se redujo la población de salmones drásticamente).

Un problema inherente a las energías renovables es su naturaleza difusa, con la excepción de la energía geotérmica la cual, sin embargo, solo es accesible donde la corteza terrestre es fina, como las fuentes calientes y los géiseres.

Puesto que ciertas fuentes de energía renovable proporcionan una energía de una intensidad relativamente baja, distribuida sobre grandes superficies, son necesarias nuevos tipos de "centrales" para convertirlas en fuentes utilizables. Para 1.000 kWh de electricidad, consumo anual per cápita en los países occidentales, el propietario de una vivienda ubicada en una zona nublada de Europa debe instalar ocho metros cuadrados de paneles fotovoltaicos (suponiendo un rendimiento energético medio del 12,5 %).

Sin embargo, con cuatro metros cuadrados de colector solar térmico, un hogar puede obtener gran parte de la energía necesaria para el agua caliente sanitaria aunque, debido al aprovechamiento de la simultaneidad, los edificios de pisos pueden conseguir los mismos rendimientos con menor superficie de colectores y, lo que es más importante, con mucha menor inversión por vivienda.

Irregularidad

La producción de energía eléctrica permanente exige fuentes de alimentación fiables o medios de almacenamiento (sistemas hidráulicos de almacenamiento por bomba, baterías, futuras pilas de combustible de hidrógeno, etc.). Así pues, debido a los elevados costos de almacenamiento de la energía, un pequeño sistema autónomo resulta raramente económico, excepto en situaciones aisladas, cuando la conexión a la red de energía implica costes más elevados.

Fuentes renovables contaminantes

En lo que se refiere a la biomasa, es cierto que almacena activamente el carbono del dióxido de carbono, formando su masa con él y crece mientras libera el oxígeno de nuevo, al quemarse vuelve a combinar el carbono con el oxígeno, formando de nuevo dióxido de carbono. Teóricamente el ciclo cerrado arrojaría un saldo nulo de emisiones de dióxido de carbono, al quedar las emisiones fruto de la combustión fijadas en la nueva biomasa. En la práctica, se emplea energía contaminante en la siembra, en la recolección y la transformación, por lo que el balance es negativo.

Por otro lado, también la biomasa no es realmente inagotable, aun siendo renovable. Su uso solamente puede hacerse en casos limitados. Existen dudas sobre la capacidad de la agricultura para proporcionar las cantidades de masa vegetal necesaria si esta fuente se populariza, lo que se está demostrando con el aumento de los precios de los cereales debido a su aprovechamiento para la producción de biocombustibles. Por otro lado, todos los biocombustibles producen mayor cantidad de dióxido de carbono por unidad de energía producida que los equivalentes fósiles.

La energía geotérmica no solo se encuentra muy restringida geográficamente sino que algunas de sus fuentes son consideradas contaminantes. Esto debido a que la extracción de agua subterránea a alta temperatura genera el arrastre a la superficie de sales y minerales no deseados y tóxicos. La principal planta geotérmica se encuentra en la Toscana, cerca de la ciudad de Pisa y es llamada Central Geotérmica de Larderello. Una imagen de la central en la parte central de un valle y la visión de kilómetros de cañerías de un metro de diámetro que van hacia la central térmica muestran el impacto paisajístico que genera.

En Argentina la principal central fue construida en la localidad de Copahue y en la actualidad se encuentra fuera de funcionamiento la generación eléctrica. El surgente se utiliza para calefacción urbana, calefacción de calles y aceras y baños termales.

Diversidad geográfica

La diversidad geográfica de los recursos es también significativa. Algunos países y regiones disponen de recursos sensiblemente mejores que otros, en particular en el sector de la energía renovable. Algunos países disponen de recursos importantes cerca de los centros principales de viviendas donde la demanda de electricidad es importante. La utilización de tales recursos a gran escala necesita, sin embargo, inversiones considerables en las redes de transformación y distribución, así como en la propia producción.

Administración de las redes eléctricas

Si la producción de energía eléctrica a partir de fuentes renovables se generalizase, los sistemas de distribución y transformación no serían ya los grandes distribuidores de energía eléctrica, pero funcionarían para equilibrar localmente las necesidades de electricidad de las pequeñas comunidades. Los que tienen energía en excedente venderían a los sectores deficitarios, es decir, la explotación de la red debería pasar de una "gestión pasiva" donde se conectan algunos generadores y el sistema es impulsado para obtener la electricidad "descendiente" hacia el consumidor, a una gestión "activa", donde se distribuyen algunos generadores en la red, debiendo supervisar constantemente las entradas y salidas para garantizar el equilibrio local del sistema. Eso exigiría cambios importantes en la forma de administrar las redes.

Sin embargo, el uso a pequeña escala de energías renovables, que a menudo puede producirse "in situ", disminuye la necesidad de disponer de sistemas de distribución de electricidad. Los sistemas corrientes, raramente rentables económicamente, revelaron que un hogar medio que disponga de un sistema solar con almacenamiento de energía, y paneles de un tamaño suficiente, solo tiene que recurrir a fuentes de electricidad exteriores algunas horas por semana. Por lo tanto, los que abogan por la energía renovable piensan que los sistemas de distribución de electricidad deberían ser menos importantes y más fáciles de controlar.

La integración en el paisaje
Un inconveniente evidente de las energías renovables es su impacto visual en el ambiente local. Algunas personas odian la estética de los generadores eólicos y mencionan la conservación de la naturaleza cuando hablan de las grandes instalaciones solares eléctricas fuera de las ciudades. Sin embargo, todo el mundo encuentra encanto en la vista de los "viejos molinos de viento" que, en su tiempo, eran una muestra bien visible de la técnica disponible.

Otros intentan utilizar estas tecnologías de una manera eficaz y satisfactoria estéticamente: los paneles solares fijos pueden duplicar las barreras anti-ruido a lo largo de las autopistas, hay techos disponibles y podrían incluso ser sustituidos completamente por captadores solares, células fotovoltaicas amorfas que pueden emplearse para teñir las ventanas y producir energía, etc.

Las fuentes de energía renovables en la actualidad
Central hidroeléctrica

Representan un 20 % del consumo mundial de electricidad, siendo el 90 % de origen hidráulico. El resto es muy marginal: biomasa 5,5 %, geotérmica 1,5 %, eólica 0,5 % y solar 0,5 %.

Alrededor de un 80 % de las necesidades de energía en las sociedades industriales occidentales se centran en torno a la industria, la calefacción, la climatización de los edificios y el transporte (coches, trenes, aviones). Sin embargo, la mayoría de las aplicaciones a gran escala de la energía renovable se concentra en la producción de electricidad.

En España, las renovables fueron responsables del 19,8 % de la producción eléctrica. La generación de electricidad con energías renovables superó en el año 2007 a la de origen nuclear.

En Estados Unidos, en 2011 la producción de energía renovable superó por vez primera a la nuclear, generando un 11,73 % del total de la energía del país. Un 48 % de la producción de energías renovables provenía de los biocombustibles, y un 35 % a las centrales hidroeléctricas, siendo el otro 16 % eólico, geotérmico y solar.

Producción de energía y autoconsumo

Greenpeace presentó un informe en el que sostiene que la utilización de energías renovables para producir el 100 % de la energía es técnicamente viable y económicamente asumible, por lo que, según la organización ecologista, lo único que falta para que en España se dejen a un lado las energías sucias, es necesaria voluntad política. Para lograrlo, son necesarios dos desarrollos paralelos: de las energías renovables y de la eficiencia energética (eliminación del consumo superfluo).

Por otro lado, un 64 % de los directivos de las principales *utilities* consideran que en el horizonte de 2018 existirán tecnologías limpias, asequibles y renovables de generación local, lo que obligará a las grandes corporaciones del sector a un cambio de mentalidad.

La producción de energías verdes va en aumento no solo por el desarrollo de la tecnología, fundamentalmente en el campo de la solar, sino también por claros compromisos políticos. Así, el Ministerio de Industria, Turismo y Comercio de España prevé que las energías verdes alcancen los 83.330 MW, frente a los 32.512 MW actuales, y puedan cubrir el 41 % de la demanda eléctrica en 2030. Para alcanzar dicha cota, se prevé alcanzar previamente el 12 % de demanda eléctrica abastecida por energías renovables en 2010 y el 20 % en 2020.

El autoconsumo de electricidad renovable está contemplado en el Real Decreto 1699/2011, de 18 de noviembre, por el que se regula la conexión a red de instalaciones de producción de energía eléctrica de pequeña potencia.

Instituciones que fomentan las Energías Renovables

- IRENA.
- ISES - International Solar Energy Association
- Continentales y nacionales.
- LAWEA - Asociación Latinoamericana de Energía Eólica.
- ASADES - Asociación Argentina de Energías Renovables y Ambiente.
- Agencia EUREC asociación europea que conecta los centros de investigación punteros y los departamentos universitarios activos en el campo de la tecnología de las energías renovables.
- IDAE, Instituto para la Diversificación y Ahorro de la Energía, España.

DEFINICIÓN DE ENERGÍA EÓLICA

La energía eólica es la energía obtenida a partir del viento, es decir, la energía cinética generada por efecto de las corrientes de aire, y que es convertida en otras formas útiles de energía para las actividades humanas. El término «eólico» proviene del latín aeolicus, que significa «perteneciente o relativo a Eolo», dios de los vientos en la mitología griega.

En la actualidad, la energía eólica es utilizada principalmente para producir electricidad mediante aerogeneradores conectados a las grandes redes de distribución de energía eléctrica. Los parques eólicos construidos en tierra suponen una fuente de energía cada vez más barata y competitiva, e incluso más barata en muchas regiones que otras fuentes de energía convencionales. Pequeñas instalaciones eólicas pueden, por ejemplo, proporcionar electricidad en regiones remotas y aisladas que no tienen acceso a la red eléctrica, al igual que la energía solar fotovoltaica. Las compañías eléctricas distribuidoras adquieren cada vez en mayor medida el excedente de electricidad producido por pequeñas instalaciones eólicas domésticas. El auge de la energía eólica ha provocado también la planificación y construcción de parques eólicos marinos —a menudo conocidos como parques eólicos offshore por su nombre en inglés—, situados cerca de las costas. La energía del viento es más estable y fuerte en el mar que en tierra, y los parques eólicos marinos tienen un impacto visual menor, pero sus costes de construcción y mantenimiento son considerablemente mayores.

A finales de 2014, la capacidad mundial instalada de energía eólica ascendía a 370 GW, generando alrededor del 5 % del consumo de electricidad mundial. Dinamarca genera más de un 25 % de su electricidad mediante energía eólica, y más de 80 países en todo el mundo la utilizan de forma creciente para proporcionar energía eléctrica en sus redes de distribución, aumentando su capacidad anualmente con tasas por encima del 20 %. En España la energía eólica produjo un 20,3 % del consumo eléctrico de la península en 2014, convirtiéndose en la segunda tecnología con mayor contribución a la cobertura de la demanda, muy cerca de la energía nuclear con un 22,0 %.

La energía eólica es un recurso abundante, renovable y limpio que ayuda a disminuir las emisiones de gases de efecto invernadero al reemplazar fuentes de energía a base de combustibles fósiles. El impacto ambiental de este tipo de energía es además, generalmente, menos problemático que el de otras fuentes de energía.

La energía del viento es bastante estable y predecible a escala anual, aunque presenta variaciones significativas a escalas de tiempo menores. Al incrementarse la proporción de energía eólica producida en una determinada región o país, se hace imprescindible establecer una serie de mejoras en la red eléctrica local. Diversas técnicas de control energético, como una mayor capacidad de almacenamiento de energía, una distribución geográfica amplia de los aerogeneradores, la disponibilidad de fuentes de energía de respaldo, la posibilidad de exportar o importar energía a regiones vecinas o la reducción de la demanda cuando la producción eólica es menor, pueden ayudar a mitigar en gran medida estos problemas. Adicionalmente, la predicción meteorológica permite a los gestores de la red eléctrica estar preparados frente a las previsibles variaciones en la producción eólica que puedan tener lugar a corto plazo.

Referencias normativas

- IEC 61400-1:1998 – Wind turbine generator systems- Part 1: Safety requirements.
- IEC 61400-12:1998 – Wind turbine generator systems- Part 12: Wind Turbine Power Performance Testing.
- IEC 61400-13:2001 – Wind turbine generator systems- Part 13: Measurement of Mechanical Loads.
- WORLD METEOROLOGICAL ORGANIZATION. (1981). Meteorological Aspects of the Utilization of Wind as an Energy Source. WMO, Ginebra, Suiza. Technical.

TERMINOLOGÍA EÓLICA

Álabe:

Un álabe es la paleta curva de una turbomáquina o máquina de fluido rotodinámica. Forma parte del rodete y, en su caso, también del difusor o del distribuidor. Los álabes desvían el flujo de corriente, bien para la transformación entre energía cinética y energía de presión por el principio de Bernoulli, o bien para intercambiar cantidad de movimiento del fluido con un momento de fuerza en el eje.

En el caso de las máquinas generadoras, esto es, bombas y compresores, los álabes del rodete transforman la energía mecánica del eje en entalpía. En las bombas y compresores con difusor, los álabes del estator recuperan energía cinética del fluido que sale del rotor para aumentar la presión en la brida de impulsión. En las bombas, debido al encarecimiento de la máquina que ello conlleva, se dispone de difusor únicamente cuando obtener un alto rendimiento es muy importante, por ejemplo en máquinas de mucha potencia que funcionan muchas horas al año.

En las máquinas motoras, ya sean turbinas hidráulicas o térmicas, el rodete transforma parte de la entalpía del fluido en energía mecánica en el eje. Los álabes del distribuidor conducen la corriente fluida al rodete con una velocidad adecuada en módulo y dirección, transforman parte de la energía de presión en energía cinética y, en aquellos casos en que los álabes son orientables, también permiten regular el caudal.

Coeficiente de Rendimiento (CP):

Relación entre la potencia aerodinámica extraída por un rotor eólico y la potencia instantánea eólica.

Densidad de Potencia Eólica Específica:

Cantidad de Potencia disponible en el viento referida a una área específica (W/m^2).

Factor de Planta (o Factor de Capacidad):

La relación entre la energía suministrada por un equipo eólico y lo que se podría generar operando el sistema a potencia nominal durante un periodo de tiempo.

Factor de interferencia axial (a):

Factor que cuantifica la reducción de la velocidad de viento no perturbada cuando este pasa por el rotor eólico.

Solidez del Rotor:

Relación entre el área ocupada por las palas aerodinámicas y el área frontal del rotor eólico.

Rotor eólico:

Dispositivo basado en palas aerodinámicas que accionado por el viento que incide sobre él, convierte su energía en energía rotacional mecánica.

Velocidad Específica (λ):

Relación entre la velocidad de la punta de las palas del rotor eólico y la velocidad de viento incidente.

Velocidad Específica de Diseño (λd):

Velocidad especifica en la cual el rotor eólico entrega su máxima potencia, por lo tanto extrae la máxima energía del viento.

Velocidad Promedio Anual de Viento:

El valor de la velocidad resultante de calcular el promedio horario anual medido por un anemómetro.

Velocidad de Viento de Arranque (Va):

Velocidad de viento en la cual un aerogenerador comienza a suministrar energía eléctrica continuamente.

Velocidad de Viento de desconexión (Vf):

Velocidad de viento en la cual un aerogenerador para de suministrar energía eléctrica.

Velocidad de Viento de Diseño (Vd):

Velocidad del viento en la cual el aerogenerador opera a su máxima eficiencia de conversión de energía.

Velocidad del Rotor (n):

Velocidad rotacional del rotor eólico medido en revoluciones por segundo (rps).

HISTORIA

El uso de la fuerza del viento se remonta a épocas muy antiguas.

El molino persa de eje vertical es el primer molino de viento que se conoce, se empleaba para moler grano y fue usado principalmente en las planicies de Sijistán en la antigua Persia, posiblemente hacia el año 600 A.C.

El rotor estaba formado por seis u ocho palas de madera que se unían en el eje central, comunicando el movimiento a las muelas situadas en la base.
Los chinos empleaban unos molinos llamados panémonas para bombear agua.

Las panémonas eran también de eje vertical y sus palas estaban construidas a base de telas sujetas a largueros de madera.

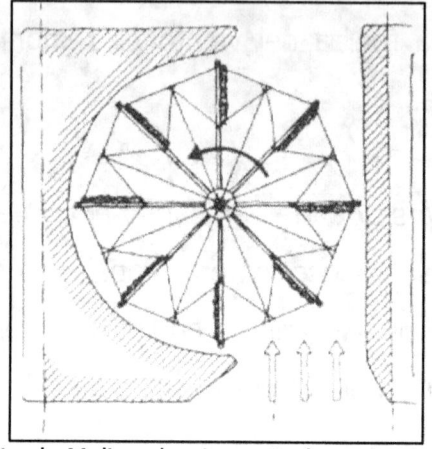

Parte de Molino de eje vertical empleado en
la antigua Persia para molienda de granos

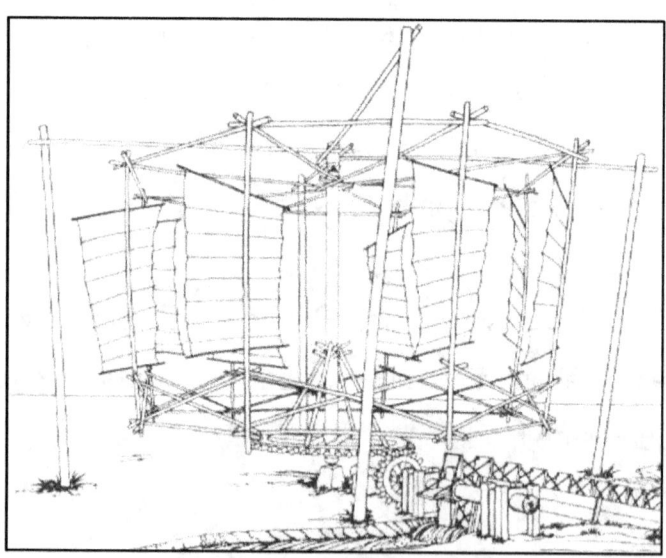

Molino de eje vertical (Panémona)
usado en China para el riego

Los molinos de eje horizontal debieron tener su origen en la antigua Persia, probablemente antes de la época islámica. Su invención debió surgir por la necesidad de adaptar las máquinas eólicas de eje vertical al bombeo de agua. Un molino de eje horizontal es más adecuado para mover una noria o rueda de cangilones pues no es necesario variar la dirección de la fuerza motora por medio de un sistema de engranajes que debió significar una complicación técnica para la época.

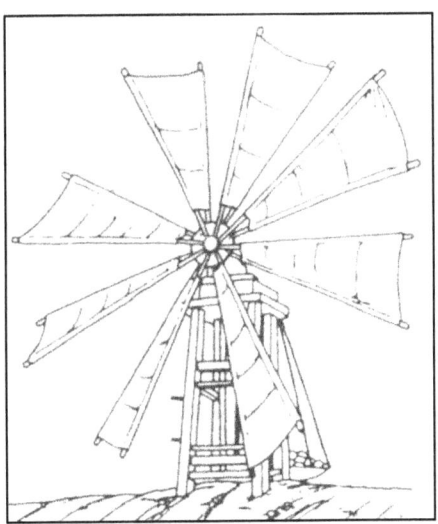

Molino persa de eje horizontal
adaptado para accionar una noria.

Durante las edades media y moderna, la energía del viento fue empleada para realizar actividades de molienda y de bombeo de agua. Particularmente los holandeses la emplearon para desecar los polders.

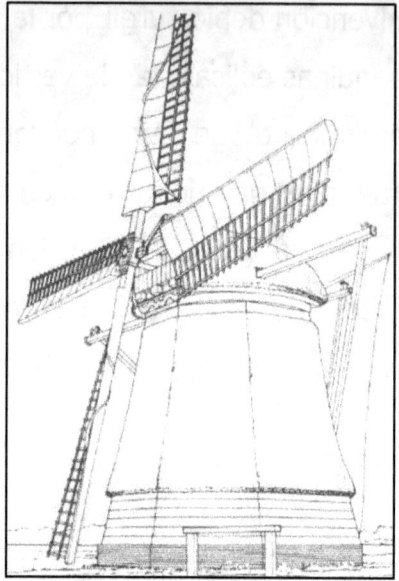

Molino holandés de drenaje

En la segunda mitad del siglo XIX aparece una nueva generación de turbinas eólicas que fueron diseñadas con una concepción diferente con el fin de poder ser fabricadas en serie en talleres que contaban con los entonces nuevos sistemas de producción en cadena.

Estas máquinas eólicas tuvieron aplicación principalmente en zonas rurales más o menos aisladas, donde la industrialización todavía no se había hecho notar y fueron empleadas exclusivamente para el bombeo de agua de pozos.

Las primeras aerobombas aparecieron en EEUU en 1854 y fueron desarrolladas por Daniel Halladay.

Están conformadas por rotores multipala acoplados a una bomba de pistón.

En 1883 Steward Perry fabrica otro modelo de aerobomba con álabes metálicos, que llegó a convertirse en el modelo más vendido y de mayor uso en el mundo llegándose a fabricar más de 6 millones de unidades.

El mulitpala tenía un rotor de eje horizontal de 3 m de diámetro, alcanzaba una potencia de 125W a una velocidad de 7 m/s (25 km/h) y una capacidad para bombear 150 l/min a una altura de 8 m.

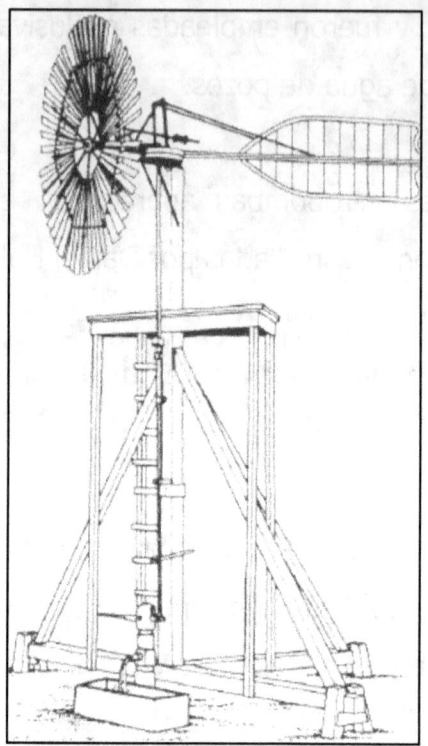
Aerobomba de eje horizontal
con rotor multipala (1854)

Fue recién en las primeras décadas del siglo XX que se tuvieron los conocimientos suficientes para emplear en los rotores eólicos los perfiles aerodinámicos que se habían desarrollado para la fabricación de alas y hélices de aviones. Fueron los mismos científicos que elaboraron las teorías aerodinámicas para usos aeronáuticos los que sentaron las bases teóricas de los aerogeneradores modernos: Joukowsky,

Drzewiecky y Sabinin en Rusia, Prandtl y Betz en Alemania, Constantin y Eiffel en Francia.

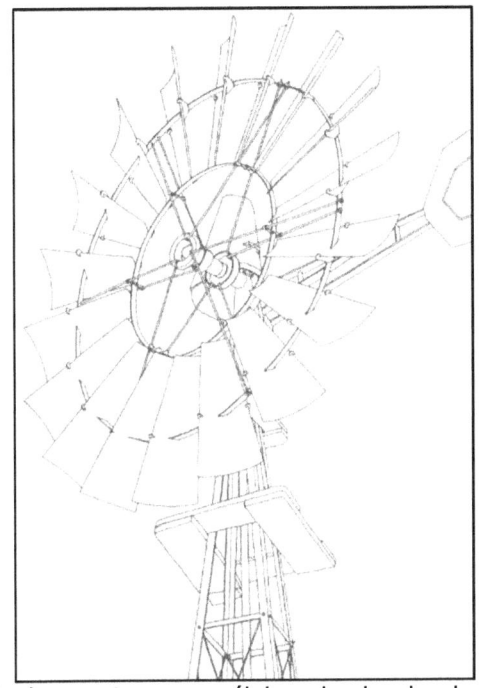

Multipala americano con álabes de plancha de acero acoplado a una bomba de pistón (1883)

Sin embargo, fue a partir de 1973 en que como consecuencia de la crisis del petróleo ocurrido a raíz del conflicto árabe-israelí, las máquinas que aprovechan la energía eólica experimentan un desarrollo notable, apareciendo a fines de la década de 1970 y principios de 1980 diversos fabricantes de aerogeneradores confiables. Los aerogeneradores producen energía eléctrica a partir del viento y las opciones para emplearla son las siguientes:

- La energía es almacenada en baterías para su posterior uso, generalmente son equipos de potencias de hasta 10 kW.
- La energía generada es usada para accionar directamente una electrobomba situada en el lugar del emplazamiento del pozo con potencias de hasta 10 kW. que actualmente viene siendo desplazada por electrobombas eficientes que operan con el voltaje continuo del banco de baterías, lo que posibilita un uso más eficiente de la energía del viento.
- La energía generada es suministrada a la red eléctrica, de tal forma que el usuario puede venderle energía a la compañía eléctrica, esto en países como EEUU y en Europa, en donde existe una legislación al respecto.

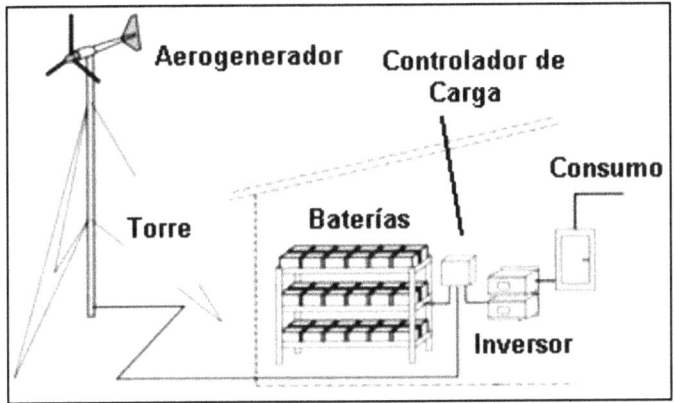
Sistema de Generación Eólica Autónomo

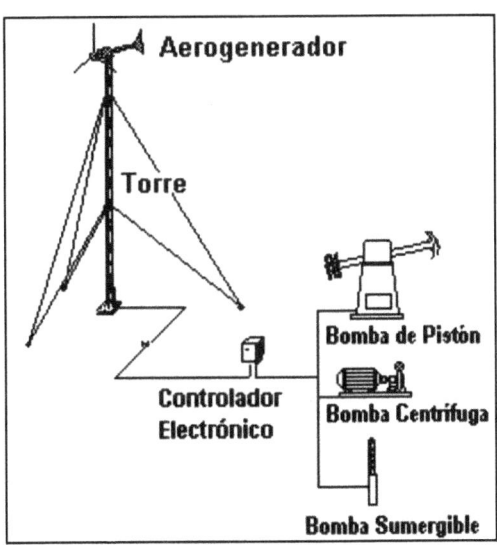
Sistema de Bombeo Electro Eólico

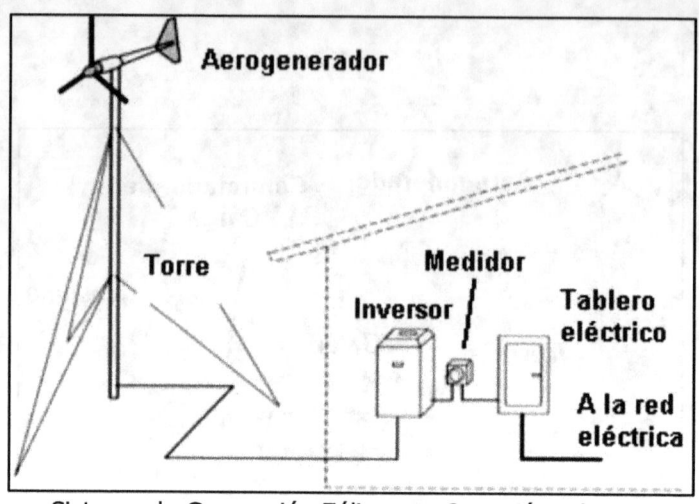
Sistema de Generación Eólica con Conexión a la Red

La energía eólica en el mundo

A nivel mundial, como consecuencia del desarrollo que ha alcanzado la energía eólica se ha consolidado una industria que comprende la investigación en el aspecto científico y tecnológico, y la comercialización e instalación de turbinas.

Globalmente el viento suministra menos del 1% de la energía consumida pero es una industria que está teniendo un rápido crecimiento.

En lugares con altos potenciales de vientos que cuentan con velocidades, promedio anual de vientos mayores a 6 m/s, es posible generar energía a un costo menor que con fuentes tradicionales como son los combustibles fósiles.

A fines del año 2004 la capacidad instalada de energía eólica en el planeta fue de 47.317 MW.

Entre los años 1990 y 2002, el uso de la energía eólica como fuente en el mundo ha tenido un crecimiento promedio anual superior al 30%.

Mayormente, las plantas de generación eólica se encuentran ubicadas en Europa y en los Estados Unidos, con la excepción de la India.

En la Tabla se muestran los países que generan más del 95% de la energía producida a partir del viento en el mundo.

Tabla: Países líderes en capacidad eólica instalada en el mundo

País	Capacidad Instalada (MW)
Alemania	16 629
España	8 263
Estados Unidos	6 740
Dinamarca	3 117
India	3 000
Italia	1 125
Holanda	1 078
Reino Unido	888
Japón	874
China	764

La Unión Europea es el mayor generador de energía eólica en el mundo. La potencia instalada supera los 31 100 MW con un costo aproximado de energía generada menor a 0,04 € / kW-h. Para el año 2030, gracias a las partidas asignadas de alrededor de € 60 millones por año para el desarrollo e investigación en nuevas tecnologías en fuentes de energías renovables, la Unión Europea tienen como meta alcanzar 1 000 000 de MW de potencia instalada.

El crecimiento de la potencia instalada durante los últimos años ha reducido el costo de la energía generada a un tercio de su valor en 1981, de 0,38 US$ / kW-h a un valor entre 0,03 a 0,06 US$ / kW-h.

La variación se debe al tamaño de la planta de generación eólica. Por ejemplo, la energía producida en una planta de 50 MW o más ubicada en un lugar con viento promedio de 8 m/s (~30 km/h) tiene un costo de 0,03 US$ / kW-h. En cambio, el costo de la energía de una planta de 3 MW instalada en una zona de velocidad promedio de 7 m/s (~25 km/h) es de unos US$ 0,08 / kW-h.

Cada año Estados Unidos se rezaga con respecto a la Unión Europea en la capacidad de energía eólica instalada. Estados Unidos es comparable a un cazador y recolector que siempre está a la búsqueda de fuentes de combustibles fósiles cuando probablemente debería ser más como un agricultor.

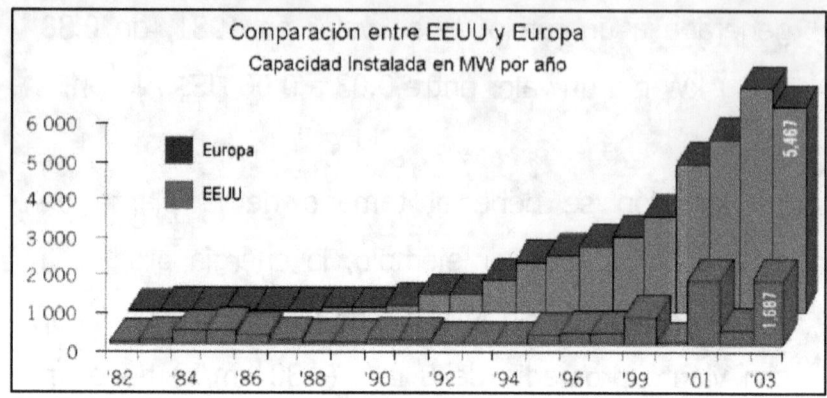
Capacidad de Energía Eólica Instalada en MW por año entre EEUU y Europa

Impacto ambiental

En general, los sistemas de energías renovables son de mucho beneficio debido a que no generan subproductos de gases contaminantes como es el caso de las plantas de energía que operan con combustibles fósiles. En la Tabla se muestra una comparación de la producción de gases contaminantes entre plantas de generación de energía a partir de carbón y gas con sistemas eólicos.

Gas contaminante	Carbón	Gas	Turbinas eólicas
Óxidos de azufre	1,2	0,004	0
Óxidos de nitrógeno	2,3	0,002	0
Sólidos	0,8	0,0	0
Dióxido de carbono	865	650	0

Producción de gases contaminantes en kg/MW-h

Sin embargo, los sistemas eólicos producen otros tipos de efectos sobre el medio ambiente que no tienen relación con la emisión de gases contaminantes. Estos efectos se clasifican en las siguientes categorías:

- Efecto sobre las aves.
- Efecto visual sobre el paisaje.
- Ruido ocasionado.

Efecto sobre las aves

Con frecuencia las aves mueren al colisionar con ventanas de edificios, líneas aéreas de alta tensión, mástiles, postes, también son atropelladas por automóviles. Sin embargo, rara vez se ven molestadas por los aerogeneradores. Estudios de radar realizados en Tjaereborg, en la parte occidental de Dinamarca, donde hay instalado un aerogenerador de 2 MW con un diámetro de rotor de 60 metros, muestran que las aves (bien sea de día o de noche) tienden a cambiar su ruta de vuelo unos 100 a 200 metros antes de llegar a la turbina, y pasan sobre ella a una distancia segura. El emplazamiento más conocido en el que existen problemas de colisión de aves está localizado en Altamont Pass, en California. Las colisiones no son comunes, pero la preocupación es mayor dado que las especies afectadas están protegidas por ley.

Un estudio del Ministerio de Medio Ambiente de Dinamarca indica que las líneas de energía, incluidas las líneas que conducen la energía de los bosques eólicos, representan para las aves un peligro mucho mayor que los propios aerogeneradores. Algunas aves se acostumbran a los aerogeneradores con mayor rapidez, a otras les lleva algo más de tiempo.

Entonces las posibilidades de construir bosques eólicos al lado de santuarios de aves dependen de la especie involucrada. Al instalar los bosques eólicos normalmente se tienen en cuenta las rutas migratorias de las aves, aunque estudios sobre las aves realizados en el Yukón muestran que las aves migratorias no colisionan con los aerogeneradores.

En la infografía se muestran estadísticas de decesos de aves. Como se puede ver los aerogeneradores causan menos decesos que otras causas como edificios o líneas de alta tensión.

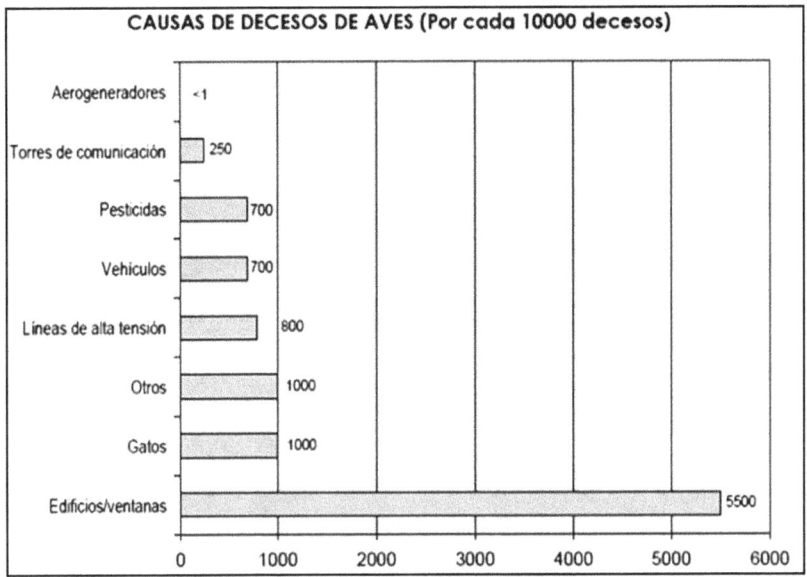

Estadísticas de decesos de aves
Fuente: Erickson. Resumen de Causas de Mortalidad de Aves

Efecto visual sobre el paisaje

Comparado con otros efectos sobre el medio ambiente, el impacto visual de un bosque eólico en el paisaje es menos cuantificable porque depende en gran medida de la situación geográfica de la instalación. Factores que se consideran en el diseño y disposición del lugar de instalación son el orden, la armonía con el paisaje, la continuidad en los contornos de la geografía, el color de la turbina. En áreas llanas generalmente las turbinas son instaladas en una distribución geométrica simple, fácilmente perceptible por el espectador, como por ejemplo una distribución equidistante a lo largo de una línea recta. En paisajes con pendientes pronunciadas, es poco viable la utilización de un patrón simple, y puede ser preferible hacer que las turbinas sigan los contornos de altitud del paisaje, o los cercados u otras características del paisaje. Cuando las turbinas han sido instaladas en varias filas, es difícil percibir la distribución. Es necesario situarse al final de una fila para percibir la distribución ordenada de turbinas.

Ruido ocasionado

El ruido originado por los aerogeneradores es uno de los efectos que ha sido más estudiado, el ruido se define de manera simple como sonido no deseado y sus efectos se clasifican en tres categorías generales:

- Efectos subjetivos como intranquilidad e insatisfacción.
- Interferencia con actividades como conversar, dormir, atender clases, etc.
- Efectos fisiológicos como ansiedad permanente y pérdida de la capacidad auditiva.

Mayormente, los niveles de ruido relacionados con el medio ambiente producen efectos en las dos primeras categorías. Efectos de la tercera categoría pueden producirse en casos de trabajadores de plantas industriales o personal que labora cerca de aviones de no tomar las precauciones debidas.

Los aerogeneradores de gran potencia normalmente están situados en lugares aislados y lejos de grandes ciudades. Sin embargo en el caso de sistemas de pequeña potencia que se encuentran cercanos a usuarios domésticos, los efectos del ruido pueden ser nocivos y debe tenerse en cuenta en el diseño de pequeñas turbinas de viento.

A nivel mundial, es empleada la escala dB(A), o decibelios (A) por autoridades públicas para cuantificar las medidas de sonido.

Nivel de sonido	Umbral de audibilidad	Susurro	Conversación	Tráfico urbano	Concierto de rock	Turbo reactor a 10 m de distancia
dB(A)	0	30	60	90	120	150

La escala (A) se utiliza para sonidos débiles, como el de los aerogeneradores. Existen otras escalas para sonidos fuertes, llamados (B) y (C), pero pocas veces se utilizan.

La escala de decibelios (A) mide la intensidad de sonido en todo el rango de las diferentes frecuencias audibles (diferentes tonos), y utiliza un sistema de clasificación teniendo en cuenta el hecho de que el oído humano tiene una sensibilidad diferente a cada frecuencia de sonido. Por lo general, oímos mejor a frecuencias medias (rango de las vocales) que a bajas o altas frecuencias. En la Tabla se aprecia la Escala de Decibelios (A).

El ruido en los aerogeneradores, principalmente proviene de las puntas de los álabes que generan turbulencia y ruido como resultado, el cual se incrementa con la velocidad. Otras fuentes de ruido menos importantes en los aerogeneradores son el sistema de orientación, los sistemas de transmisión mecánica y generador (en el caso de gran potencia). Diferentes formas de disminuir el ruido incluyen diseños especiales para las transmisiones de velocidad en la parte de los dientes de los engranajes y un adecuado diseño aerodinámico de los álabes para disminuir la turbulencia inducida por el movimiento.

Aplicaciones de la energía eólica

Al igual que la energía solar, la mayor dificultad de la energía eólica está en la irregularidad de su producción energética, lo que hace necesario el uso de sistemas de almacenamiento para adaptar su suministro a las exigencias de la demanda. En el campo de la producción de electricidad en gran potencia, un inconveniente reside en las potencias pico de bosques eólicos es que resultan inferiores a las potencias instaladas en plantas convencionales. Sin embargo, la ventaja de usar una fuente de energía gratuita compensa a largo plazo los costos de instalación de bosques eólicos.

En su forma primaria la energía obtenida a través del rotor es de tipo mecánico, es decir, un eje que gira a velocidad determinada y con un determinado torque, siendo el producto la potencia mecánica del aerogenerador en un instante determinado.

Durante siglos la forma más común de usar la energía eólica fue la de acoplar un eje motor a unas muelas de grano o a una bomba de agua. En la actualidad usar turbinas eólicas para molienda de grano no es muy práctico, pero el bombeo de agua o de aire sigue siendo una aplicación. Sin embargo, resulta ser la generación de electricidad la aplicación de mayor interés en la actualidad.

RECURSOS EÓLICOS

El viento como recurso energético

En resumen, la energía eólica es energía solar. Apenas un 2% de la energía emitida por el Sol que llega a la tierra se convierte en energía eólica. El Sol provoca diferentes temperaturas en el aire que rodea a la tierra debido principalmente a la redondez de nuestro planeta, esto causa que las zonas cercanas a la línea ecuatorial se calienten más que aquellas cercanas a los polos, esto a su vez origina que haya regiones con baja y alta presión. Estas zonas de presión, junto con el movimiento rotativo de la tierra, crean los principales sistemas de viento.

En la costa occidental de América del Sur los vientos Geostróficos se ven fuertemente influenciados por la presencia de la cordillera de los Andes, su extensión a lo largo de la costa interfiere con los vientos de la troposfera baja determinando las condiciones climáticas de la zona.

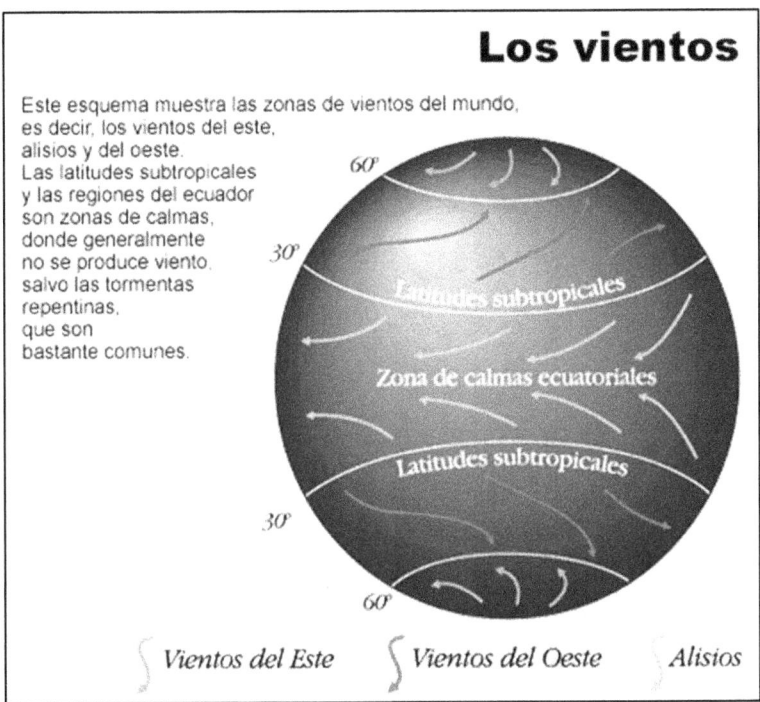

Circulación del viento influenciado por la rotación terrestre

Aproximadamente al sur de la latitud 40 S, los vientos húmedos del oeste, incidiendo sobre los Andes, causan precipitación; mientras que al norte de la latitud 25 S, los vientos alisios del sureste (secos), yendo "mar afuera", inhiben la precipitación.

A escala local estas direcciones predominantes de los vientos se ven fuertemente influenciadas por factores como:

- Las tormentas que desvían la dirección dominante, como se hace patente en registros.

- Los obstáculos naturales, bosques, campos de cultivo, cañadas, depresiones, etc. Estos obstáculos modifican el movimiento de las masas de aire en dirección y velocidad.
- Las depresiones ciclónicas que pueden desplazarse en cualquier dirección, pero de hecho, tienen ciertas direcciones establecidas superponiéndose al sistema general de presión atmosférica.

El viento puede entonces definirse en función de dos grandes variables respecto al tiempo: la velocidad y la dirección.

La velocidad determina de forma más directa el rendimiento de un aerogenerador, la dirección también influye pero no es tan determinante como la velocidad.

La dirección del viento se designa por el punto cardinal desde donde sopla: por ejemplo, se llamará viento de dirección Oeste o viento del Oeste si proviene de este punto. Esta dirección nos la da la veleta.

Vientos próximos al emplazamiento

El flujo de viento es afectado también por obstáculos hechos por el hombre como casas, graneros, tanques elevados de agua, torres, etc. y también por vegetación muy localizada como por ejemplo un árbol muy cercano a un emplazamiento de una pequeña turbina de viento.

La forma más sencilla de representar estos obstáculos es con un bloque rectangular y considerar el flujo en dos dimensiones. Este tipo de flujo, como se muestra en dicha figura produce una turbulencia y el decremento en la potencia ha sido cuantificado sobre la base de numerosos estudios.

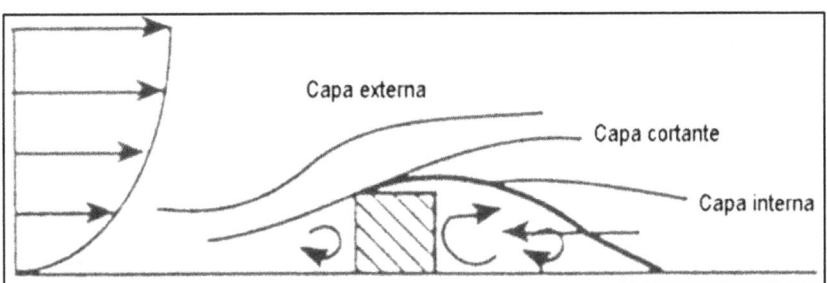

Influencia de obstáculos y formación de remolinos

Para determinar cuáles son las posibilidades de energía eólica, se necesita tener datos de la velocidad del viento. Lo mejor es hacer las mediciones en el lugar donde se llevará a cabo el proyecto. A veces esto no es posible: alguien debe ir hasta allá a colocar equipos de medición (costosos) y por lo menos deben registrarse datos durante unos cuantos meses.

Por lo tanto, en la mayoría de los casos, la primera opción es obtener datos de una estación meteorológica. El estado generalmente posee algunas estaciones y pueden obtenerse datos de viento. Los aeropuertos también suelen ser una alternativa. En el caso ideal, los datos obtenidos de una estación meteorológica pueden ser utilizados para evaluar el régimen del viento en el lugar proyectado. Sin embargo, primero deben hacerse algunas revisiones. Los datos de una estación meteorológica deben ser complementados con datos del propio lugar.

Como ya se ha mencionado, el viento está definido por dos parámetros principales que son la velocidad y la dirección. Conociendo la variación de estos parámetros en el tiempo será posible conocer la salida de energía de la turbina eólica. El estudio del viento puede ser enfocado de diferentes formas, siendo las principales:

- Indicadores biológicos.
- Escala Beaufort.

- Mapas eólicos.
- Perfil de velocidades de viento.

Indicadores biológicos

Los llamados indicadores biológicos son de gran ayuda para determinar los vientos medios en una determinada región y los lugares donde se acelera localmente el mismo por algún efecto orográfico. Los vientos dominantes fuertes deforman a los arbustos, hierbas y árboles. Entonces es posible usar estos "registros vivientes" con provecho. Sólo es necesario saber leerlos. Los efectos se aprecian mejor en las coníferas y árboles de hojas perennes, debido a que presentan la misma superficie expuesta al viento a lo largo de todo el año.

Según Putnam, existen cinco tipos de deformaciones:

a. Un árbol se dice que ha sido cepillado por el viento cuando sus ramas se encuentran curvadas en el sentido del viento dominante, como el pelo de un animal que haya sido cepillado. Este estado se encuentra en lugares con vientos predominantes relativamente débiles y es de poco interés como potencial energético.

b. Un árbol se encuentra en bandera cuando el viento ha hecho que sus ramas se junten a sotavento del tronco, en el sentido del viento predominante, dejando a veces desnudo el tronco de la parte a barlovento. Este efecto es fácilmente observable y ocurre en un rango de vientos importante para aplicaciones eólicas.

c. Los árboles se dicen tronchados por el viento (wind clipped) cuando el mismo es lo suficientemente severo como para suprimir las ramas principales y mantener las copas a un nivel anormalmente bajo.

d. Cada brote que se eleve sobre el nivel común se verá prontamente dañado, por lo que la superficie se observa lisa como un cerco bien recortado.

e. El caso extremo de intensidad de viento se da en las llamadas alfombras de árboles. Un árbol sólo crece unos centímetros antes de ser tronchado por el viento. Las ramas comenzarán a crecer sobre la superficie del terreno, presentando el aspecto de una alfombra. La velocidad de viento promedio a la que ocurren estas deformaciones dependerá de la especie vegetal con la que se realiza la calibración.

Escala Beaufort

En un inicio, las velocidades del viento se medían con la mano, especialmente desde la superficie del mar, porque las mediciones de la velocidad del viento eran importantes para los barcos. El aspecto de la superficie del mar era utilizado (qué tan grandes eran las olas, si había o no espuma) para establecer la velocidad del viento. Esta es la conocida Escala de Beaufort, que va de 0 (no hay viento) hasta 17 (ciclón). Posteriormente la escala fue adaptada para su uso en tierra.

Si bien es cierto se trata de un método muy aproximado, puede sin embargo ser de utilidad en ciertas circunstancias como lugares cercanos al mar ya que la Escala Beaufort puede considerarse como una aplicación de la observación de indicadores biológicos. La Escala Beaufort puede ser relacionada con valores de velocidad de viento a través de los siguientes criterios expresados en las tablas mostradas a continuación.

Relación de velocidades de viento para escala Beaufort

Grados Beaufort	VELOCIDAD			DESCRIPCIÓN	Presión máxima (teórica) Sobre superficie frontal (N/m^2)
	Nudos	m/s	km/h		
0	0-1	0-1	0-2	Calma	1
1	1-3	1-2	2-6	Brisa muy ligera	3
2	4-6	2-3	7-11	Brisa ligera	12
3	7-10	4-5	13-19	Pequeña brisa	33
4	11-16	6-8	20-30	Mediana brisa	85
5	17-21	9-11	31-39	Buena brisa	146
6	22-27	11-14	41-50	Viento fresco	241
7	28-33	14-17	52-61	Gran fresco	360
8	34-40	17-21	63-74	Golpe de viento	529
9	41-47	21-24	76-87	Fuerte golpe de viento	731
10	48-55	25-28	89-102	Tempestad	1001
11	56-63	29-32	104-117	Tempestad violenta	1313
12	64-71	33-37	119-131	Huracán	1668
13	72-80	37-41	133-148	—	2117
14	81-89	42-46	150-165	—	2620
15	90-99	46-51	167-183	—	3242
16	100-108	51-56	185-200	—	3859
17	109-118	56-61	202-219	Ciclón	4606

Designación	Significado	Conversión
km/h	kilómetro por hora	1 km/h = 0,278 m/s
mph	millas por hora	1 mph = 0,447 m/s
nudos	nudos	1 nudo = 0,5 m/s

Unidades para velocidad de viento

Mapas eólicos

Los mapas eólicos proporcionan una información global sobre el nivel promedio de los vientos en una determinada área geográfica, mostrando las zonas más idóneas desde el punto de vista energético.

Estos mapas se elaboran uniendo puntos geográficos con iguales valores de velocidad de viento. Las isolíneas separan zonas con regímenes de vientos diferentes, permitiendo determinar los valores promedios probables en un determinado emplazamiento. La información de los mapas eólicos debe ser complementada por la que se obtenga en el lugar específico del emplazamiento, como ya se mencionó las condiciones geográficas influencian en el comportamiento del viento y en consecuencia en sus valores de velocidad.

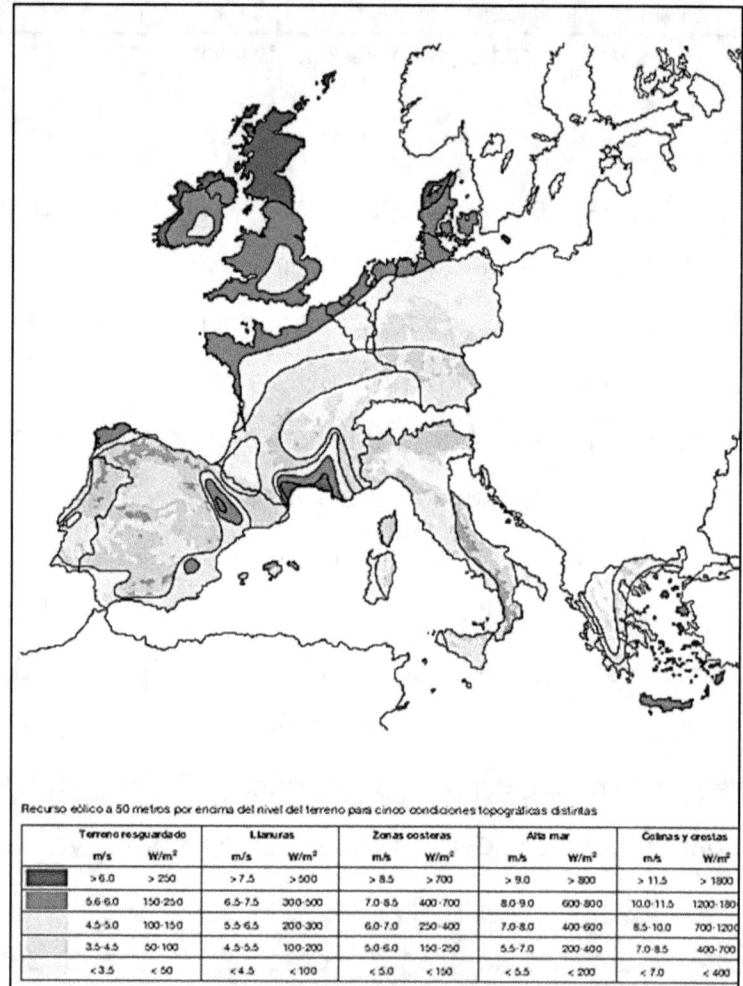

Plantas eólicas en Europa

Perfil de velocidades de viento

Existen relaciones matemáticas que establecen la variación de la velocidad del viento en función a la altura sobre el nivel del terreno y el grado de rugosidad del mismo.

Relación Logarítmica:

$$\frac{V_{(h)}}{V_{(h_r)}} = \frac{\ln\left(h/z_0\right)}{\ln\left(h_r/z_0\right)} \qquad \text{para:} \quad 20z_0 < h < 60m$$

Consideraciones:

$V_{(h)}$ = Velocidad del viento (m/s) a altura h sobre el terreno (m).

$V_{(h_r)}$ = Velocidad del viento (m/s) medida a altura referencial (m).

z_0 = Rugosidad del terreno (m).

CARACTERÍSTICAS DEL TERRENO	z_0 (m)
Hielo o lodo	0,00001
Calma en mar abierto	0,0002
Mar turbulento	0,0005
Superficie de hielo	0,003
Prado de césped	0,008
Arbustos bajos	0,01
Terrenos pedregosos	0,03
Terrenos de cultivo	0,05
Terrenos con algunos árboles	0,10
Terrenos con muchos árboles, cercas y algunas construcciones	0,25
Bosques	0,50
Pueblos y suburbios	1,50
Centros de ciudades con edificios altos	3,00

Rugosidad Z_0 para tipos de terreno comunes

CLASE	DESCRIPCIÓN DEL TERRENO	z_0 (m)
1	Agua, un alcance de 5 km mínimo	0,0002
2	Planos de lodo, nieve, sin vegetación, sin obstáculos	0,005
3	Abiertos y planos, hierba, algunos obstáculos aislados	0,03
4	Cultivos bajos, obstáculos grandes ocasionales, x/h > 20	0,10
5	Cultivos altos, obstáculos muy dispersos, 15 < x/h < 20	0,25
6	Área de parques, arbustos, muchos obstáculos, x/h = 10	0,5
7	Cobertura regular de grandes obstáculos (suburbios, bosques)	1,0
8	Centro de la ciudad con construcciones altas y bajas	1,5 – 3,0

x = dimensión horizontal del obstáculo (largo/ancho)
h = altura del obstáculo

Clasificación del terreno y rugosidad

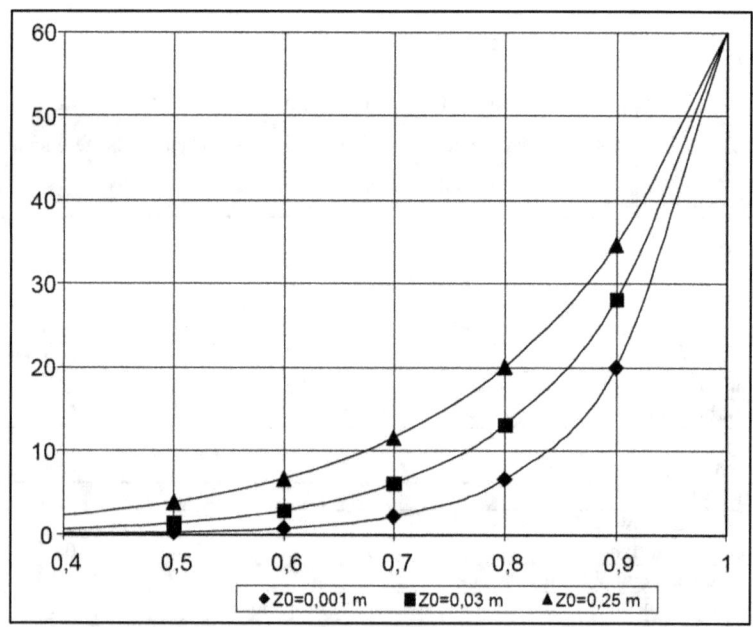

Ratio de velocidad de viento V(h) / V(h=60m)

La figura muestra la variación de la velocidad del viento en función al grado de rugosidad del terreno para una altura referencial de 60m, a esta altura la velocidad del viento ya no presenta variación debido a la rugosidad.

Instrumentos de medición del viento

Las mediciones de la velocidad del viento se realizan normalmente utilizando un anemómetro de cazoletas, como el mostrado en la figura de la derecha. Este tipo de anemómetro tiene un eje vertical y 3 cazoletas que capturan el viento. El número de revoluciones por segundos son registradas electrónicamente.

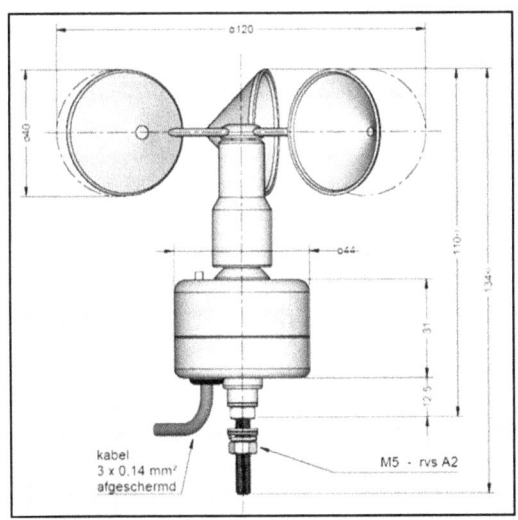

Anemómetro de cazoletas

Normalmente, el anemómetro está provisto de una veleta para detectar la dirección del viento. En lugar de cazoletas el anemómetro está equipado con hélices, aunque no es lo habitual.

Otros tipos de anemómetros incluyen ultrasonidos o anemómetros provistos de láser que detectan el desfase del sonido o la luz coherente reflejada por las moléculas de aire. Los anemómetros de hilo electrocalentado detectan la velocidad del viento mediante pequeñas diferencias de temperatura entre los cables situados en el viento y en la sombra del viento (cara a sotavento).

La ventaja de los anemómetros no mecánicos es que son menos sensibles a la formación de hielo. Sin embargo en la práctica los anemómetros de cazoletas son ampliamente utilizados, y modelos especiales con ejes y cazoletas eléctricamente calentados pueden ser usados en las zonas árticas.

Cuando compra algo, a menudo obtendrá un producto acorde a lo que ha pagado por él.

Esto también se aplica a los anemómetros. Se pueden comprar anemómetros sorprendentemente baratos de algunos de los principales vendedores del mercado que, cuando realmente no se necesita una gran precisión, pueden ser adecuados para aplicaciones meteorológicas Sin embargo, los anemómetros económicos no resultan de utilidad en las mediciones de la velocidad de viento que se llevan a cabo en la industria eólica, dado que pueden ser muy imprecisos y estar pobremente calibrados, con errores en la medición de quizás el 5 por ciento, e incluso del 10 por ciento. La cantidad de energía que posee el viento es directamente proporcional al cubo de su velocidad, por lo tanto, si está pensando construir un parque eólico puede resultar un desastre económico si dispone de un anemómetro que mide las velocidades de viento con un error del 10%. En ese caso, se expone a contar con un contenido energético del viento que es 1,13 -1=33% más elevado de lo que es en realidad. Si lo que tiene que hacer es recalcular sus mediciones para una altura de eje del aerogenerador distinta (digamos de 10 a 50 metros de altura), ese error podrá incluso multiplicarse por un factor del 1,3, con lo que sus cálculos de energía acabarán con un error del 75%.

Se puede comprar un anemómetro profesional y bien calibrado, con un error de medición alrededor del 1%, por unos US$ 700-900, lo que no es nada comparado con el riesgo de cometer un error económico potencialmente desastroso. Naturalmente, el precio puede no resultar siempre un indicador fiable de la calidad, por lo que deberá informarse de cuáles son los institutos de investigación en energía eólica bien reputados y pedirles consejo en la compra de anemómetros.

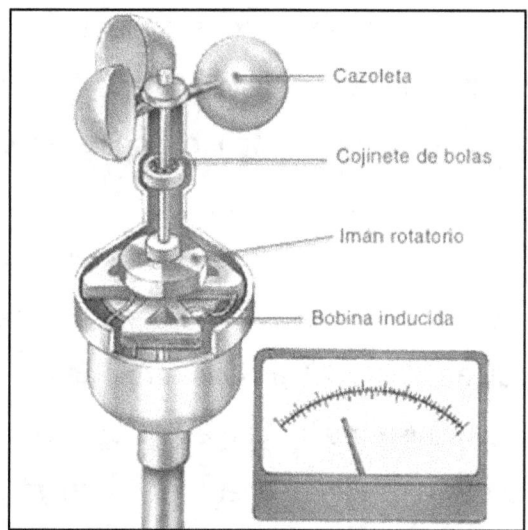

Partes de un anemómetro

VENTAJAS Y DESVENTAJAS DE LA ENERGÍA EÓLICA

Junto con el agua, es la forma más antigua de producción energética del mundo, amigable con el ambiente y defendida por muchos países. Esta alternativa energética tiene un futuro promisorio.

La energía eólica puede definirse como el resultado de un proceso en el cual interviene la energía mecánica, que utiliza la fuerza del viento para convertirse en energía cinética, que al transportar el aire en movimiento se transforma en energía eólica, la cual permite accionar maquinarias con fines operativos o de generación de energía eléctrica. Resumiendo, es la energía que proviene del viento. Se considera, además, una forma indirecta de energía solar, ya que los cambios atmosféricos de temperatura y presión ocasionados por el sol, son los que generan los vientos.

Ventajas de la Energía eólica

1.- La energía eólica es una fuente de energía considerada verde ya que no causa contaminación.

En el aprovechamiento de la energía del viento no se contamina de la misma manera a cuando se obtiene energía partiendo de combustibles fósiles, carbón o la energía nuclear.

Es cierto que durante la fabricación, transporte de materiales y la instalación de una turbina eólica se contribuye en algo al calentamiento global, pero la electricidad producida una vez montadas esas turbinas no implica emisión alguna a la atmósfera.

No obstante, existen algunos aspectos medioambientales asociados a la producción de energía eólica que suponen un inconveniente y que se discutirán más adelante.

2.- Enorme potencial, se podría obtener 20 veces más energía de lo que el mundo necesita.

La energía potencial que se podría conseguir gracias a la energía eólica es absolutamente increíble. Varios investigadores independientes han llegado a la misma conclusión: el potencial mundial de energía eólica supera los 400 TW.

Además el aprovechamiento de la energía eólica se puede lograr en casi cualquier lugar. La cuestión es que sea económicamente rentable y factible.

3.- Renovable.

La energía eólica es una fuente de energía renovable. Los vientos ocurren naturalmente y no hay forma de que nos quedemos sin esas fuentes. Recordemos que la energía eólica se origina gracias a las reacciones de fusión nuclear que tienen lugar en el sol.

Por ello, en tanto el sol siga luciendo (no te preocupes, los científicos aseguran que todavía lo hará durante otros 6-7 billones de años), seremos capaces de aprovechar la energía eólica. Este no es el caso de los combustibles fósiles, en los que nuestra sociedad basa el modelo energético actual y que tienen capacidad finita.

4.- Eficientes en cuanto a superficie.

Las mayores turbinas eólicas son capaces de generar suficiente electricidad para cubrir la demanda media de 600 hogares. Las turbinas no pueden situarse muy cerca una de otra, pero el espacio entre ellas puede dedicarse a otros usos. Esto supone una gran ventaja frente a la energía solar por ejemplo, que requiere de mucho espacio en exclusividad.

5.- Rápido crecimiento.

Todavía no supone un gran porcentaje de la energía eléctrica producida, pero es la fuente de energía que crece a un mayor ritmo y ello contribuirá a luchar contra el calentamiento global, a la vez que se reducirán costes. Puedes ver estadísticas de producción de energía eólica en este enlace.

6.- Costes.

Los costes de producción cada vez son más reducidos gracias a los avances tecnológicos y se espera que sigan decreciendo en el futuro.

7.- Bajo mantenimiento.

Generalmente, una vez que las turbinas se han fabricado, erigido y entrado en funcionamiento, los costes operacionales son muy pequeños. Aunque puesto que no todas las turbinas son creadas iguales, algunas son susceptibles a un mantenimiento mayor que otras.

8.- Buen uso doméstico potencial.

Los molinos de viento se han venido usando en muchos lugares del mundo tradicionalmente para trabajos más mecánicos, pero podrían usarse también para la producción de electricidad en los hogares al igual que mucha gente hace con paneles fotovoltaicos. Incluso podrían complementarse unos y otros.

Inconvenientes de la energía eólica

1.- Impredecible.

El viento es difícil de predecir y la disponibilidad de viento para la producción de energía no es constante. La energía eólica no es apropiada por tanto si se espera una producción estable. Si tuviéramos sistemas de almacenamiento baratos de la energía producida, la situación sería muy diferente, pero las baterías son caras.

En el futuro, podremos esperar grandes avances en tecnologías de almacenamiento, pero por ahora las turbinas eólicas tienen que ser usadas en paralelo con otras fuentes de energía para satisfacer nuestra demanda energética de forma continua.

2.- Costes.

Sin incentivos la producción de energía eólica se discute que sea realmente rentable. Esto le da una ventaja a las industrias tradicionales de producción de energía, como la industria petrolera o el carbón.

Generalmente se piensa en la energía solar fotovoltaica como sistema de producción de energía sobretodo en hogares que buscan más autosuficiencia, pero cada vez más la energía eólica podría constituir una alternativa viable.

3.- Amenaza a la vida salvaje.

Las aspas en movimiento de las turbinas suponen una gran amenaza para aves, murciélagos y otras criaturas voladoras. No obstante, hay que decir se estima que mueren más aves chocando contra edificios o vehículos.

4.- Ruido.

El ruido es un problema para la gente que vive en áreas cercanas a campos eólicos. Por este motivo, la construcción de campos eólicos debería evitarse cerca de núcleos urbanos. En cambio, la contaminación acústica no es algo a tener tan en cuenta en instalaciones marinas.

Además, los nuevos modelos de turbinas han mejorado tremendamente en este aspecto, comparados con los diseños antiguos, y generan menos ruido.

5.- Impacto visual.

A la mayoría de la gente no le disgusta la visión de varias decenas de turbinas en lo alto de una montaña o en medio del paisaje. Pero para otras personas supone un fuerte impacto visual. Sin embargo, y teniendo en cuenta la gran cantidad de energía producida por metro cuadrado, debería valorarse este aspecto con otros ojos.

En resumen: el futuro de la energía eólica parece prometedor. En estos momentos hay multitud de grandes granjas eólicas, tanto en tierra como en el océano, que se están poniendo en marcha. Y según se siga intentando solventar los mayores inconvenientes de esta fuente de energía inagotable, las ventajas aumentarán su valor como seria alternativa de futuro al modelo energético actual.

Ventajas

- Es renovable y abundante.
- No utiliza combustión, por lo tanto es una energía económica.
- Es limpia, no contamina.
- Aprovecha las zonas áridas, o no cultivables por su topografía.
- No daña el suelo y sus fines agrícolas o ganaderos.
- Genera empleo.
- Garantiza autonomía por más de 80 horas, sin conexión a redes de suministro.
- Es segura y confiable.
- Ahorra gasto de combustible en centrales térmicas y/o hidroeléctricas.
- Su impacto ambiental es bajo.

Desventajas

- Es discontinua, su intensidad y dirección cambian repentinamente.
- Depende de fuentes tradicionales para su funcionamiento.
- Las centrales térmicas de respaldo aumentan el consumo energético.

- Requiere cables de alta tensión cuatro veces más gruesos para evacuar la producción.
- La fluctuación en la intensidad del viento produce apagones y daños.
- No es almacenable.
- Presenta serios inconvenientes de carácter técnico en su producción.
- Incidencias ambientales.
- La necesidad de centrales térmicas genera emisiones de dióxido de carbono.
- Algunos parques ocupan zonas protegidas.
- Los aerogeneradores afectan muchas rutas migratorias de aves y murciélagos.
- Se produce un choque visual y paisajístico al entrar en contraste los elementos naturales horizontales con los aerogeneradores verticales y se crea el denominado efecto discoteca, que se produce con la proyección del sol detrás de los molinos.
- Produce contaminación sónica.

Países líderes

En orden de producción, estos son los países que lideran el manejo de energía eólica a nivel mundial:

- Estados Unidos
- Alemania
- China
- España
- India
- Francia
- Italia
- Inglaterra
- Dinamarca
- Portugal
- Canadá
- Países Bajos
- Japón
- Australia
- Grecia
- Suecia
- Irlanda
- Austria
- Turquía
- Brasil

En América Latina se están dando los pasos iniciales para desarrollar el aprovechamiento eólico. Brasil lidera esta iniciativa seguido de México, Chile, Costa

Rica, Argentina, Nicaragua, Uruguay, Colombia, Cuba y Perú.

Proyectos eólicos

A pesar de las críticas provenientes de algunos sectores científicos y ecologistas, se evidencia un notable incremento de la demanda, y cada vez más países se muestran interesados en aplicar esta alternativa. A ese respecto, del 21 al 25 de septiembre del corriente, se celebra la Feria Mundial de Energía Eólica en Husum, Alemania, con la concurrencia aproximada de 950 empresas de 30 países. El futuro de la energía eólica está garantizado.

PARQUES EÓLICOS

Un parque eólico es una agrupación de aerogeneradores que transforman la energía eólica en energía eléctrica.

Los parques eólicos se pueden situar en tierra o en el mar (ultramar), siendo los primeros los más habituales, aunque los parques offshore han experimentado un crecimiento importante en Europa en los últimos años.

El número de aerogeneradores que componen un parque es muy variable, y depende fundamentalmente de la superficie disponible y de las características del viento en el emplazamiento. Antes de montar un parque eólico se estudia el viento en el emplazamiento elegido durante un tiempo que suele ser superior a un año. Para ello se instalan veletas y anemómetros. Con los datos recogidos se traza una rosa de los vientos que indica las direcciones predominantes del viento y su velocidad.

Los parques eólicos proporcionan diferente cantidad de energía dependiendo de las diferencias sobre diseño, situación de las turbinas, y por el hecho de que los antiguos diseños de turbinas eran menos eficientes y capaces de adaptarse a los cambios de dirección y velocidad del viento. A pesar de que el impacto ambiental de las plantas eólicas es relativamente pequeño comparado con otras formas de generación, los aerogeneradores producen contaminación acústica y visual. Asimismo se cree que puede existir impacto importante en la fauna ya que las aves no son capaces de ver las aspas cuando éstas giran. Pero los mayores inconvenientes de esta fuente energética son que: es intermitente y no siempre puede obtenerse la potencia deseable; no puede ser almacenada como energía eólica, cosa que encarece el coste; es dispersa y se necesitan grandes superficies. Sin embargo el terreno utilizado para los parques puede ser aprovechado para actividades agrícolas, zonas de recreo. Comienza además a haber problemas de emplazamiento: hay menos energía al abrigo del viento de una turbina (y más turbulencia) que delante de ella. En parques eólicos, los aerogeneradores suelen espaciarse entre 150 y 300 metros los unos de los otros o con otros obstáculos. Evitar interferencias entre aerogeneradores requiere grandes superficies para instalar los parques y podemos considerar que en cada región existe una potencia máxima extraíble. El desarrollo de los parques eólicos en Europa tiene muy buena aceptación pública. La política seguida por las instituciones gubernamentales europeas ayuda al desarrollo de las energías renovables. El gobierno del Reino Unido, por ejemplo, tiene como objetivo que el 10% de la energía doméstica consumida sea generada por fuentes de energías renovables en 2010.

Además, Alemania tiene el mayor número de parques eólicos del mundo, así como la mayor turbina de viento construida sobre el mar, y en Escocia se realizará la construcción del parque Whitelee Wind Farm, el segundo de Europa, con 140 aerogeneradores de 2,3 MW cada uno, para una potencia total instalada de 322 MW.

Actualmente el mayor parque eólico de Europa es el Complejo eólico del Andévalo en Huelva con 383,8 megavatios de potencia instalada.

Ventominho ocupa el segundo lugar, dispone de 240 MW de potencia y se encuentra en Portugal. Desplaza al parque escocés conocido como Whitelee (209 MW), ocupando Maranchón (208 MW) el tercer lugar, ambos son de Iberdrola. Ventominho cuenta con cinco grupos de aerogeneradores repartidos a lo largo de treinta kilómetros, muy próximos a la frontera con Galicia, que confluyen en un único punto de conexión a red. El conjunto está formado por un total de 120 máquinas de dos megavatios (MW) suministradas por el tecnólogo alemán Enercon.

España según el informe de 2013 de REE el parque eólico aporto un 21.1% de la energía eléctrica consumida en España en 2013 y hay una potencia instalada de 22.746 MW. Castilla y León es la comunidad autónoma con más potencia instalada (4.540 MW en 2011).

Argentina tiene 167 MW de potencia eólica instalada a finales de 2012.

Entre los parques más importantes se encuentran:

Parque eólico Diadema (Chubut)

Parque eólico Loma Blanca (Chubut)

Parque eólico Rawson (Rawson - Chubut)

Parque eólico Arauco (Aimogasta - La Rioja)

Parque eólico Antonio Morán (Comodoro Rivadavia - Chubut)

Actualmente Chile tiene instalado 892Mw de potencia en energía eólica en proyectos ya en operación, mantiene otros 188Mw en construcción y concentra 5.602Mw en proyectos ya aprobados esperando inicios de obras5 , son 85 los parques eólicos aprobados esperando ser construidos , con plantas de hasta 528 Mw6 , es así que Chile concentra uno de los mayores crecimientos de energías renovables en la región, se espera que Chile concentre el 51% de la producción energética renovable en América Latina.

Parque eólico Canela I

Parque eólico Canela II

Parque eólico El Totoral

Parque eólico de Monte Redondo

Parques eólicos de México. En México Se encuentra el parque eólico más grande de Latinoamérica, situado en el istmo de Tehuantepec en un pueblo llamado La Ventosa, fue construido por la compañía de cementos mexicanos Cemex, contó con el apoyo de la Comisión Federal de Electricidad CFE.El parque lleva el nombre de Eurus.

El 14 de marzo de 2012, se inauguró con 16 aerogeneradores, El Parque Eólico Arriaga, el primero de su tipo en el estado de Chiapas. Se estima que actualmente México tiene 1400 MW de capacidad eólica instalada.

Parques eólicos de República Dominicana. El Parque Eólico Los Cocos, construido en la comunidad de Juancho, Pedernales es el primero del país y generará 25 megavatios, provenientes de 14 aerogeneradores de la firma danesa Vestas, líder en tecnología. Los molinos instalados, son modelo V90 de 1.8 MW de potencia cada uno, y alimentarán al Sistema Eléctrico Nacional con energía totalmente limpia, proveniente de los poderosos vientos que soplan en la región.

Otros dos proyectos de energía eólica, uno en Baní (zona centro-sur) de 30 MW, y otro en Montecristi (noreste) de 50 MW, que se prevé que funcionen en 2013 y que resultarán en 168 MW derivados de energía eólica.

En Ecuador, la energía hídrica es la más usada, pero en lugares de la sierra y en Galápagos principalmente esta tecnología combina la europea Onshore y la americana AG 4.0 las cuales se hallan ubicadas en tres parques eólicos en Loja (Villonaco), Galápagos (Isla San Cristóbal (Cerro Tropezón) e Isla Baltra).

Parques eólicos en Venezuela. Generadores eólicos en la Península de Paraguaná, Venezuela.

Parque eólico Paraguaná. Parque eólico La Guajira.

Parques eólicos de Estados Unidos. En Estados Unidos se encuentran los parques eólicos más grandes del mundo.

Parques eólicos en Uruguay. El Programa de Energía Eólica en Uruguay se creó en 2007 y tuvo como objetivo crear las condiciones interinstitucionales para incentivar la inserción de la energía eólica en el país y contribuir a la reducción de emisión de gases de efecto invernadero. El programa, finalizado en 2013, abarcó regulación y procedimientos, información y evaluación del recurso eólico, aspectos medioambientales, tecnológicos y financieros entre otros. Asimismo, el programa proponía el desarrollo de las capacidades técnicas en el país, tanto a nivel de gubernamental como de desarrolladores privados, como potenciales proveedores de la industria eólica. Las metas establecidas en la Política Energética 2005-2030 inicialmente incluían la incorporación de 300 MW de energía eólica para 2015; luego de revisadas se amplió con el objetivo de instalar 1.200 MW para 2015.

El país cuenta con 25 parques eólicos que en total generan 865 MW (junio de 2016), cuatro de los cuales son operados por la empresa estatal UTE y los restantes, por operadores privados. Uruguay es el país con mayor proporción de electricidad generada a partir de energía eólica en América Latina y uno de los principales en términos relativos a nivel mundial.

Los parques eólicos más grandes del mundo

Ocho de los 10 parques eólicos más grandes del mundo se encuentran en los Estados Unidos, de los cuales cinco se localizan en Texas. Además, entre el TOP 10 sólo hay un parque eólico marino, siendo todos los demás terrestres.

1. Centro de Energía Eólica Alta:

El Centro de Energía Eólica Alta (AWEC, Alta Wind Energy Centre) situado en Tehachapi, (Condado de Kern), en California, Estados Unidos, es actualmente el mayor parque eólico del mundo, con una capacidad operativa de 1.020 MW. El parque eólico terrestre es operado por los ingenieros de Terra-Gen Power, quienes se encuentran inmersos actualmente en una nueva ampliación para incrementar la capacidad del parque eólico a 1.550 MW.

Las primeras cinco unidades de AWEC fueron terminadas en 2011, instalándose dos unidades adicionales al año siguiente. La primera unidad estaba formada por 100 turbinas GE 1.5-MW SLE, mientras que las otras seis unidades operativas fueron instaladas con turbinas Vestas V90-3.0MW. A partir de 2013 se iniciaron las fases para implementar otras cuatro unidades más a AWEC, siendo la octava y novena unidad integradas por aerogeneradores de Vestas, mientras que las dos últimas unidades serán instaladas con turbinas GE 1.7-MW y GE 2.85-MW de General Electric. Cuando se combinen, las 11 unidades del parque eólico estarán formadas por 586 turbinas en total.

2. Parque Eólico Shepherds Flat:

El Parque Eólico Shepherds Flat situado cerca de Arlington, al este de Oregón, en Estados Unidos, es el segundo parque eólico más grande del mundo con una capacidad instalada de 845 MW. Desarrollado por los ingenieros de Caithness Energy, las instalaciones cubren más de 77 km² entre los condados de Gilliam y Morrow. El proyecto, desarrollado por los ingenieros de Caithness Energy en un área de más de 77 km² entre los condados de Gilliam y Morrow, comenzó a construirse en 2009 con un coste estimado en 2 mil millones de dólares (1,4 mil millones de euros), recibiendo una garantía de préstamo de 1,3 mil millones de dólares del Departamento de Energía de EE.UU. en octubre de 2010, lo que supuso la mayor financiación jamás llevada a cabo en el mundo para la construcción de un parque eólico.

El parque eólico se encuentra en funcionamiento desde septiembre de 2012, el cual lo integran 338 turbinas GE2.5XL, cada una con una capacidad nominal de 2,5 MW cuya energía producida es suministrada a la Southern California Edison para su distribución. En términos generales, la energía renovable generada por el parque eólico es suficiente como para satisfacer las necesidades eléctricas de más de 235.000 hogares.

3. Parque Eólico Roscoe:

El Parque Eólico Roscoe localizado a 72 kilómetros al suroeste de Abilene en Texas, Estados Unidos, es actualmente el tercer mayor parque eólico del mundo con una capacidad instalada de 781,5 MW, desarrollado por los ingenieros de E.ON Climate & Renewables (EC&R). Su construcción se realizó en cuatro fases entre 2007 y 2009 cubriendo un área de 400 km² de tierras de cultivo.

Concretamente la primera fase incluyó la construcción de 209 turbinas Mitsubishi de 1 MW, en la segunda fase se instalaron 55 turbinas Siemens de 2,3 MW, mientras que la tercera y cuarta fase se integraron 166 turbinas GE de 1,5 MW y 197 turbinas Mitsubishi de 1 MW respectivamente. En total, se instalaron 627 aerogeneradores separados a una distancia de 274 metros, que comenzaron a operar en conjunto a plena capacidad desde octubre de 2009.

4. Centro de Energía Eólica Horse Hollow:

El Centro de Energía Eólica Horse Hollow ubicado entre el condado de Taylor y Nolan en Texas, Estados Unidos, es actualmente el cuarto parque eólico más grande del mundo con una capacidad instalada de 735,5 MW, operado por los ingenieros de NextEra Energy Resources. Las instalaciones fueron construidas en cuatro fases durante 2005 y 2006, siendo los ingenieros de Blattner Energy los responsables de la ingeniería, adquisición y construcción (EPC) para el proyecto.

Concretamente en las tres primeras fases del proyecto se instalaron 142 aerogeneradores de 1,5 MW de GE, 130 aerogeneradores de 2,3 MW de Siemens y 149 aerogeneradores de 1,5 MW de GE respectivamente. El parque eólico, con una superficie de más de 19.000 hectáreas, genera suficiente energía como para satisfacer las necesidades eléctricas de cerca de 180.000 hogares tejanos.

5. Parque Eólico Capricorn Ridge:

El Parque Eólico Capricorn Ridge, situado entre los condados de Sterling y Coke en Texas, Estados Unidos, es en la actualidad el quinto parque eólico más grande del mundo con una capacidad instalada de 662,5 MW, operado por los ingenieros de NextEra Energy Resources. Su construcción se desarrolló en dos fases, finalizándose la primera en 2007 y la segunda en 2008.

El parque eólico cuenta con 342 aerogeneradores de 1,5 MW de GE y 65 aerogeneradores de 2,3 MW de Siemens, que llegan a medir más de 79 metros de altura desde el suelo hasta el centro del buje. Como resultado, el parque eólico puede satisfacer las necesidades eléctricas de más de 220.000 hogares.

6. Parque Eólico Marino London Array:

London Array, el mayor parque eólico marino del mundo con una capacidad instalada de 630 MW, se ubica como el sexto parque eólico más grande del mundo. Desarrollado por los ingenieros de Dong Energy, E.ON y Masdar, sus instalaciones se sitúan en el exterior del estuario del Támesis a más de 20 km de las costas de Kent y Essex.

El proyecto, con un presupuesto de 3 mil millones de euros, fue iniciado en marzo de 2011 terminándose para la inauguración oficial en julio de 2013. Las instalaciones en alta mar cuentan con 175 turbinas eólicas Siemens de 3,6 MW que se elevan a 87 metros sobre el nivel del mar, con un diámetro de rotor de 120 metros. Como resultado, el parque eólico marino tiene la capacidad de abastecer las necesidades eléctricas de dos terceras partes de los hogares de Kent.

7. Parque Eólico Fantanele-Cogealac:

El Parque Eólico Fantanele-Cogealac localizado en la provincia de Dobruja en Rumania, es el séptimo mayor parque eólico del mundo con una capacidad instalada de 600 MW. El proyecto, desarrollado por los ingenieros de CEZ Group, se extiende por una superficie de 1.092 hectáreas en campo abierto a tan solo 17 kilómetros al oeste de la costa del Mar Negro.

La primera turbina del parque eólico se instaló en junio de 2010, realizándose la conexión a la red de la última turbina en noviembre de 2012, siendo desde entonces el mayor parque eólico terrestre de Europa. Las instalaciones están compuestas por 240 aerogeneradores GE 2.5 XL con un diámetro medio de rotor de 99 metros y una capacidad nominal individual de 2,5 MW que, en conjunto, representan alrededor de una décima parte de la producción total de energía verde en Rumania.

8. Parque Eólico Fowler Ridge:

El Parque Eólico Fowler Ridge, ubicado en el condado de Benton en Indiana, Estados Unidos, es el octavo mayor parque eólico del mundo. El proyecto, desarrollado por los ingenieros de BP Alternative Energy North America y Dominion Resources, se llevó a cabo en dos fases permitiendo alcanzar una capacidad instalada total de 599,8 MW.

La construcción del parque eólico, con una superficie de más de 20.000 hectáreas, fue iniciado en 2008 comenzando finalmente las operaciones desde 2010. Las instalaciones se componen de 182 aerogeneradores Vestas V82-1.65MW, 40 aerogeneradores Clipper C-96 de 2,5 MW y 133 aerogeneradores de 1,5 MW de GE. En conjunto, el parque eólico puede satisfacer las necesidades de energía de más de 200.000 hogares.

9. Parque Eólico Sweetwater:

El Parque Eólico Sweetwater, localizado en el condado de Nolan, Texas, Estados Unidos, es actualmente el noveno mayor parque eólico del mundo con una capacidad instalada de 585,3 MW, el cual fue desarrollado de forma conjunta por los ingenieros de Duke Energy y Infigen Energy.

El parque eólico fue construido en cinco fases. La primera de ellas comenzó sus operaciones comerciales en 2003, mientras que las cuatro fases restantes comenzaron a prestar servicio en 2007. Las instalaciones constan de un total de 392 turbinas, incluyendo 25 aerogeneradores GE de 1,5 MW, 151 aerogeneradores GE SLE de 1,5 MW, 135 aerogeneradores Mitsubishi 1.000A de 1 MW y 81 aerogeneradores Siemens de 2,3 MW.

10. Parque Eólico Buffalo Gap:

El Parque Eólico Buffalo Gap, situado 30 kilómetros al suroeste de Abilene en Texas, Estados Unidos, es en la actualidad el décimo parque eólico más grande del mundo con una capacidad instalada de 523,3 MW, propiedad de la compañía AES Wind Generation.

El proyecto se llevó a cabo en tres fases, completándose la primera en 2006 y las dos últimas en 2007 y 2008.

La primera fase del parque eólico constó de 67 aerogeneradores Vestas V-80 de 1,8 MW, mientras que las fases segunda y la tercera integraron 155 aerogeneradores de 1,5 MW de GE y 74 aerogeneradores de 2,3 MW de Siemens respectivamente, contando por tanto con un total de 296 turbinas eólicas.

Parque eólico terrestre

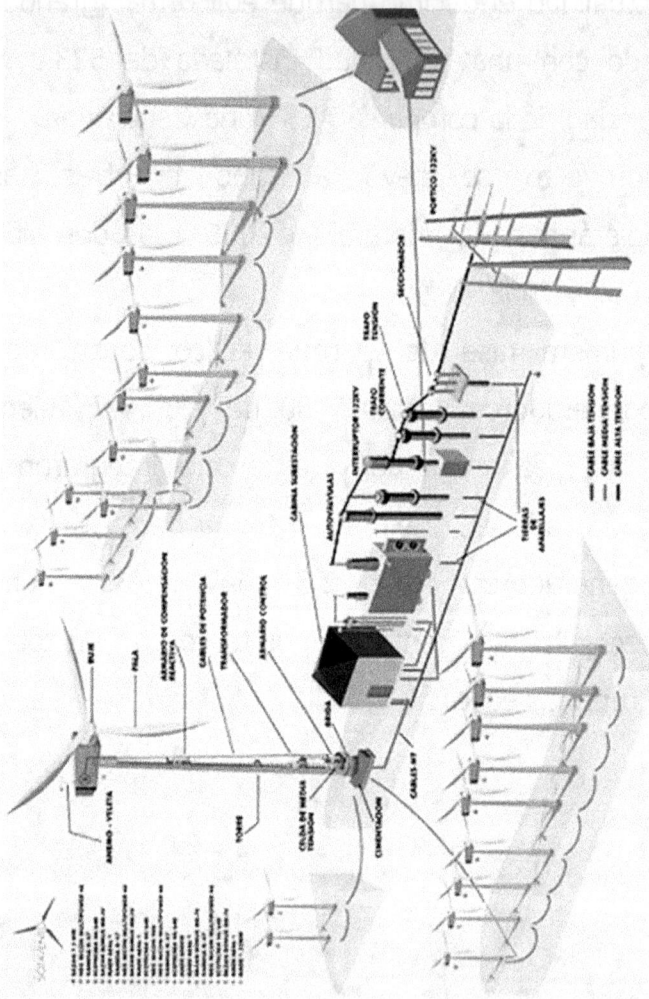

TECNOLOGÍA DE LOS AEROGENERADORES

Un aerogenerador es un generador eléctrico que funciona convirtiendo la energía cinética del viento en energía mecánica a través de una hélice y en energía eléctrica gracias a un alternador. Sus precedentes directos son los molinos de viento que se empleaban para la molienda y obtención de harina. En este caso, la energía eólica, en realidad la energía cinética del aire en movimiento, proporciona energía mecánica a un rotor hélice que, a través de un sistema de transmisión mecánico, hace girar el rotor de un generador, normalmente un alternador trifásico, que convierte la energía mecánica rotacional en energía eléctrica.

Existen diferentes tipos de aerogeneradores, dependiendo de su potencia, la disposición de su eje de rotación, el tipo de generador, etc.

Los aerogeneradores pueden trabajar de manera aislada o agrupados en parques eólicos o plantas de generación eólica, distanciados unos de otros, en función del impacto ambiental y de las turbulencias generadas por el movimiento de las palas.

Para aportar energía a la red eléctrica, los aerogeneradores deben estar dotados de un sistema de sincronización para que la frecuencia de la corriente generada se mantenga perfectamente sincronizada con la frecuencia de la red.

Ya en la primera mitad del siglo XX, la generación de energía eléctrica con rotores eólicos fue bastante popular en casas aisladas situadas en zonas rurales.

La energía eólica se está volviendo más popular en la actualidad, al haber demostrado la viabilidad industrial, y nació como búsqueda de una diversificación en el abanico de generación eléctrica ante un crecimiento de la demanda y una situación geopolítica cada vez más complicada en el ámbito de los combustibles tradicionales. La energía eólica es aquella que se genera gracias a la energía cinética producida por las masas de aire en movimiento. Esta energía, que sigue en proceso de desarrollo, nace como respuesta a una mayor demanda del consumo energético, la necesidad de garantizar la continuidad del suministro en zonas importadoras netas de recursos energéticos y de la búsqueda de la sostenibilidad en el uso de los recursos.

En general las mejores zonas de vientos se encuentran en la costa, debido a las corrientes térmicas entre el mar y la tierra; las grandes llanuras continentales, por razones parecidas; y las zonas montañosas, donde se producen efectos de aceleración local.

Tipos de aerogeneradores

Aerogeneradores de eje horizontal

Son aquellos en los que el eje de rotación del equipo se encuentra paralelo al suelo. Esta es la tecnología que se ha impuesto, por su eficiencia y confiabilidad y la capacidad de adaptarse a diferentes potencias.

Las partes principales de un aerogenerador de eje horizontal son:

Rotor: las palas del rotor, construidas principalmente con materiales compuestos, se diseñan para transformar la energía cinética del viento en un momento torsor en el eje del equipo. Los rotores modernos pueden llegar a tener un diámetro de 42 a 80 metros y producir potencias equivalentes de varios MW. La velocidad de rotación está normalmente limitada por la velocidad de punta de pala, cuyo límite actual se establece por criterios acústicos.

Góndola o nacelle: sirve de alojamiento para los elementos mecánicos y eléctricos (multiplicadora, generador, armarios de control, etc.) del aerogenerador.

Caja de engranajes o multiplicadora: puede estar presente o no dependiendo del modelo. Transforman la baja velocidad del eje del rotor en alta velocidad de rotación en el eje del generador eléctrico.

Generador: existen diferente tipos dependiendo del diseño del aerogenerador. Pueden ser síncronos o asíncronos, jaula de ardilla o doblemente alimentados, con excitación o con imanes permanentes. Lo podemos definir como parte del aerogenerador que convierte la energía en electricidad.

La torre: sitúa el generador a una mayor altura, donde los vientos son de mayor intensidad y para permitir el giro de las palas y transmite las cargas del equipo al suelo.

Sistema de control: se hace cargo del funcionamiento seguro y eficiente del equipo, controla la orientación de la góndola, la posición de las palas y la potencia total entregada por el equipo.

Todos los aerogeneradores de eje horizontal tienen su eje de rotación principal en la parte superior de la torre, que tiene que orientarse hacia el viento de alguna manera. Los aerogeneradores pequeños se orientan mediante una veleta, mientras que los más grandes utilizan un sensor de dirección y se orientan por servomotores o motorreductores.

Existen 2 tipologías principales de generadores eléctricos: con y sin caja multiplicadora.

Los primeros funcionan a velocidades del orden de 1000 - 2000 rpm. Dado que la velocidad de rotación de las aspas es baja (entre 8 y 30 rpm), requieren el uso de una caja multiplicadora para conseguir una velocidad de rotación adecuada. Los aerogeneradores que no requieren multiplicadora se conocen como "direct-drive" y sus generadores se llaman habitualmente multipolo, ya que para conseguir una frecuencia elevada con una baja velocidad de giro tienen más de una decena de polos. En la mayoría de los casos la velocidad de giro del generador está relacionada con la frecuencia de la red eléctrica a la que se vierte la energía generada (50 o 60 Hz). En general, las palas están emplazada de tal manera que el viento, en su dirección de flujo, la encuentre antes que a la torre (rotor a barlovento). Esto disminuye las cargas adicionales que genera la turbulencia de la torre en el caso en que el rotor se ubique detrás de la misma (rotor a sotavento). Las palas se montan a una distancia razonable de la torre y tienen alta rigidez, de tal manera que al rotar y vibrar naturalmente no choquen con la torre en caso de vientos fuertes. El rotor suele estar inclinado entre 4 y 6 grados para evitar el impacto de las palas con la torre.

A pesar de la desventaja en el incremento de la turbulencia, se han construido aerogeneradores con el rotor localizado en la parte posterior de la torre, debido a que se orientan en contra del viento de manera natural, sin necesidad de usar un mecanismo de control. Sin embargo, la experiencia ha demostrado la necesidad de un sistema de orientación para la orientación de la máquina hacia el viento. Este tipo de montaje se justifica debido a la gran influencia que tiene la turbulencia en el desgaste de las aspas por fatiga. La mayoría de los aerogeneradores actuales son de este último modelo.

El límite de potencia que puede ser extraído está dado por el límite que estableció el físico Albert Betz. Este límite que lleva su nombre se deriva de la conservación de la masa y del momento de la inercia del flujo de aire. El límite de Betz indica que una turbina no puede aprovechar más de un 59.3% de la energía cinética del viento. El número (0.593) se le conoce como el coeficiente de Betz. Los aerogeneradores modernos obtienen entre un 75% a un 80% del límite de Betz.

La potencia a la que está expuesto el rotor en Watts = (1/2) X (densidad de aire) X (Swept area) X (Velocidad). La energía eólica a la que estará expuesta una turbina eólica está en parte determinada por la swept area o área de barrido. La swept area se determina mediante la fórmula del área del círculo. Por ejemplo la swept area de una turbina con un rotor de 82 metros de diámetro será de 5281 m^2.

Control de potencia. En general, los aerogeneradores modernos de eje horizontal se diseñan para trabajar con velocidades del viento que varían entre 3 y 25 m/s de promedio. La primera es la llamada velocidad de conexión y la segunda la velocidad de corte. Básicamente, el aerogenerador comienza produciendo energía eléctrica cuando la velocidad del viento supera la velocidad de conexión y, a medida que la velocidad del viento aumenta, la potencia generada es mayor, siguiendo la llamada curva de potencia.

Las aspas disponen de un sistema de control de forma que su ángulo de ataque varía en función de la velocidad del viento. Esto permite controlar la velocidad de rotación para conseguir una velocidad de rotación fija con distintas condiciones de viento.

Asimismo, es necesario un sistema de control de las velocidades de rotación para que, en caso de vientos excesivamente fuertes, que podrían poner en peligro la instalación, haga girar el rotor de tal forma que las palas presenten la mínima oposición al viento, con lo que la máquina se detendría.

Para aerogeneradores de gran potencia, algunos tipos de sistemas pasivos, utilizan características aerodinámicas de las aspas que hacen que aún en condiciones de vientos muy fuertes el rotor se detenga. Esto se debe a que él mismo entra en un régimen llamado "pérdida aerodinámica".

Impacto sobre el medio. Este tipo de generadores se ha popularizado rápidamente al ser considerados una fuente limpia de energía renovable, ya que no requieren, para la producción de energía, una combustión que produzca residuos contaminantes o gases implicados en el efecto invernadero. Sin embargo, su uso no está exento de impacto ambiental. Su localización —frecuentemente lugares apartados de elevado valor ecológico, como las cumbres montañosas, que por no encontrarse habitadas conservan su riqueza paisajística y faunística— puede provocar efectos perniciosos, como el impacto visual en la línea del horizonte, la gran superficie que ocupan debido a la separación necesaria entre ellos —entre tres y diez diámetros de rotor— o el intenso ruido generado por las palas, además de los efectos causados por las infraestructuras que es necesario construir para el transporte de la energía eléctrica hasta los puntos de consumo. Pese a que se investiga para minimizarlos, se siguen produciendo muertes de aves por su causa, además de que se ven afectadas las poblaciones de quirópteros. En algunas centrales eólicas mueren cada año cerca de 14 aves y 40 murciélagos por cada MW instalado. Más recientemente, se ha propuesto la posibilidad de que su uso generalizado podría incluso contribuir al calentamiento global al bloquear las corrientes de aire.

Por otro lado, teniendo en cuenta los gases de efecto invernadero que sí se producen por las tareas derivadas de construcción, transporte y mantenimiento del aerogenerador, la energía eólica terrestre (onshore) es la segunda energía menos contaminante10 tras la energía hidroeléctrica, con 12 g de CO_2 por cada kWh, frente a los 4 de la energía hidroeléctrica, los 16 de la energía nuclear o los 22 de la energía solar térmica.

Aerogeneradores de eje vertical

Aerogenerador de eje vertical tipo Darrieus en la Antártida. Aerogeneradores de eje vertical tipo Darrieus-Savonius mixto (Hi-VAWT DS-1500) en Taiwán. Son aquellos en los que el eje de rotación se encuentra perpendicular al suelo. También se denominan VAWT (del inglés, Vertical Axis Wind Turbine), en contraposición a los de eje horizontal o HAWT.

Sus ventajas son
Se pueden situar más cerca unos de otros, debido a que no producen el efecto de frenado de aire propio de los HAWT, por lo que no ocupan tanta superficie.
No necesitan un mecanismo de orientación respecto al viento, puesto que sus palas son omnidireccionales.
Se pueden colocar más cerca del suelo, debido a que son capaces de funcionar con una menor velocidad del

viento, por lo que las tareas de mantenimiento son más sencillas. Mucho más silenciosos que los HAWT.

Mucho más recomendables para instalaciones pequeñas (de menos de 10 kW) debido a la facilidad de instalación, la disminución del ruido y el menor tamaño.

Sus desventajas son

Al estar cerca del suelo la velocidad del viento es baja y no se aprovechan las corrientes de aire de mayor altura.

Baja eficiencia.

Mayor gasto en materiales por metro cuadrado de superficie ocupada que las turbinas de eje horizontal.

No son de arranque automático, requieren conexión a la red para poder arrancar utilizando el generador como motor.

Tienen menor estabilidad y mayores problemas de fiabilidad que los HAWT.

Las palas del rotor tienen tendencia a doblarse o romperse con fuertes vientos.

Micro y minieólica

Microeólica

Son aerogeneradores que se utilizan para uso personal. Los hay que producen desde 50 W hasta unos pocos kW.

La configuración ideal de un aerogenerador es sobre un mástil sin necesidad de cables de anclaje y en un lugar expuesto al viento. Muchos de los diseños convencionales de turbinas eólicas no se recomiendan para su montaje en edificios. Sin embargo, si el único sitio disponible es el tejado de un edificio, instalar un pequeño sistema eólico puede ser factible si está lo suficientemente alto como para minimizar la turbulencia, o si el régimen del viento en ese emplazamiento en particular es favorable.

La mayoría de los sistemas de energía eólica14 disponibles necesitan la intervención del dueño durante el funcionamiento. Muchos fabricantes ofrecen servicio de mantenimiento para las turbinas eólicas que ellos instalan. El fabricante debe, en cualquier caso, proporcionar información detallada acerca de los procedimientos de mantenimiento.

Junto con los costes de inversión, se debe llevar a cabo una evaluación económica que incluya los siguientes aspectos:

Reducción de los costes anuales de electricidad como resultado de la producción de la misma por el sistema de energía eólica. Debe tener en cuenta expectativas futuras del precio de la electricidad.

Posibles programas de apoyo por parte del Gobierno, por ejemplo, subvenciones o incentivos fiscales para fomentar el uso de los sistemas de energía eólica.

Costes asociados a la emisión de CO_2 (materias primas, construcción y mantenimiento).

Además de las ventajas propias de la energía eólica, la microeólica es más eficiente si se genera la electricidad cerca del lugar donde se consume, puesto que se minimizan las pérdidas en el transporte. También es posible, en estos casos, almacenar la energía en baterías para su uso en ausencia de viento. En España, hay fabricantes de microeólica, como Bornay Aerogeneradores.

Minieólica

No existe una frontera definida entre la microeólica y la minieólica. Generalmente, se puede considerar que la microeólica comprende un único aerogenerador, mientras que la frontera superior de la minieólica se define por potencia, y no debe superar los 100 kW. Se denominan también aerogeneradores domésticos o de pequeña potencia.

Aplicaciones

Zonas aisladas: los miniaerogeneradores se utilizan en zonas aisladas donde existe un gran coste o dificultad para llevar la energía de la red eléctrica. Aquí estarían no sólo las viviendas o cabañas aisladas, también granjas, torres de telecomunicación, bombeo de agua, etc. En estos casos el aerogenerador suele ir acompañado de paneles solares fotovoltaicos que garantizan el óptimo funcionamiento del sistema.

Instalaciones con un alto índice de consumo eléctrico: fábricas, desalinizadoras y otras infraestructuras que consumen una gran cantidad de energía pueden recurrir a la instalación de aerogeneradores para reducir el consumo eléctrico de la red.

Conexión a la red: Los particulares y empresas que dispongan de un aerogenerador de minieólica pueden consumir la energía que necesitan y vender el sobrante a la red.

Dónde colocar un aerogenerador de pequeña potencia: hay que conocer los vientos dominantes que existen en la zona y la forma en que pueden variar a lo largo del año. Por lo general el punto más elevado del terreno es el que recibe más viento, aunque esta regla puede verse alterada por la presencia de ríos, valles o zonas boscosas, así como los obstáculos que existan alrededor como edificios o árboles. Estos pueden variar tanto la velocidad, como la dirección del viento.

Se recomienda instalar el aerogenerador de pequeña potencia al menos 10 metros por encima de cualquier obstáculo y al doble de altura que esta.

Auge de la microeólica y la minieólica

La Asociación Mundial de la Energía Eólica (en inglés: World Wind Energy Association), en el del Informe Mundial sobre Minieólica, ha publicado que a finales de 2011 la minieólica alcanzó los 576 MW, lo que supone un 27% más de potencia instalada que el año anterior. Más de 330 fabricantes de pequeñas turbinas eólicas operan en 40 países de todo el mundo.

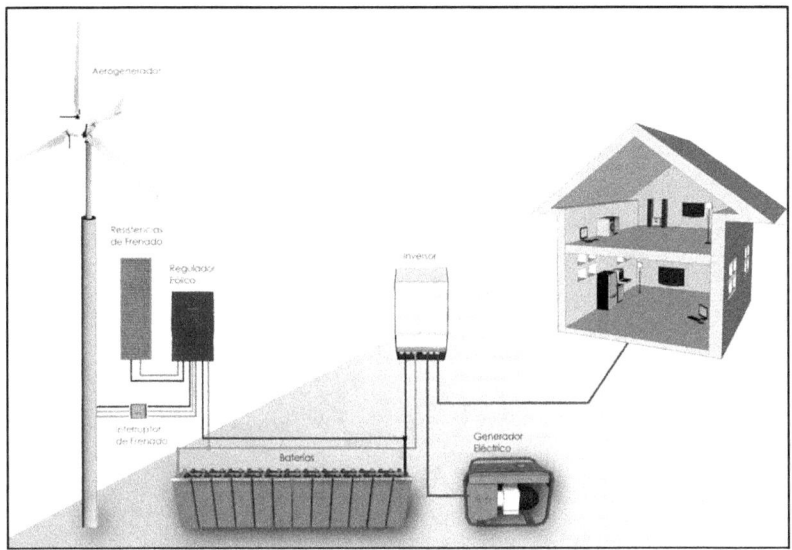
Uso de la Minieólica en una vivienda

Uso de la Microeólica como juguetes

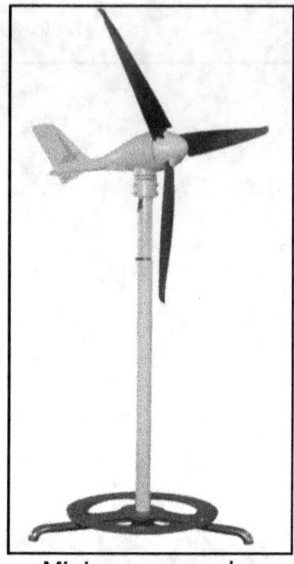
Miniaerogenerador

Componentes de un sistema eólico

Un sistema eólico empleado para generar electricidad está conformado por componentes o elementos que según su función son:

- De generación de energía: aerogeneradores.
- De almacenamiento de la energía: baterías o acumuladores.
- De control de la potencia: controladores de carga e inversores.
- De soporte y elevación: torres.

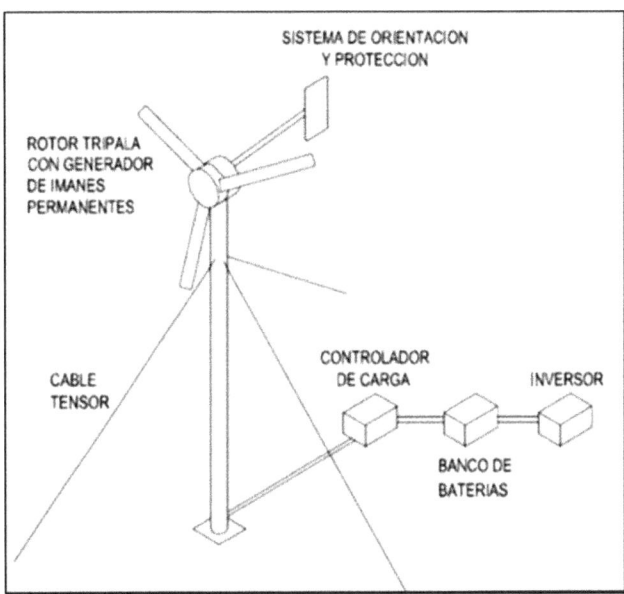
Sistema de Generación Eólica de pequeña potencia

Aerogeneradores

Un aerogenerador es una turbina eólica que transforma la energía cinética del viento en energía eléctrica.

Un aerogenerador consta de muchos componentes, hasta más de 8.000, y los más importantes son los siguientes:
- Rotor
- Torre
- Palas

- Góndola
- Transformador
- Generador
- Conexiones eléctricas y controladores
- Sistemas de protección y control
- Sistema de orientación y protección
- Baterías o acumuladores
- Inversores
- Controladores de carga

Los elementos accesorios son:

- *El buje*: es un elemento que une las palas del rotor con el eje de baja velocidad.
- *Eje de baja velocidad*: conecta el buje del rotor al multiplicador. Gira muy lento, a 30 rpm.
- *El multiplicador*: permite que el eje de alta velocidad que está a su derecha gire 50 veces más rápido que el eje de baja velocidad.
- *Eje de alta velocidad*: gira aproximadamente a 1.500 rpm, lo que permite el funcionamiento del generador eléctrico.
- *La unidad de refrigeración*: contiene un ventilador eléctrico utilizado para enfriar el generador eléctrico.

▶ *El anemómetro y el panel*: las señales electrónicas del anemómetro conectan el aerogenerador cuando el viento tiene una velocidad aproximada de 5m/s.

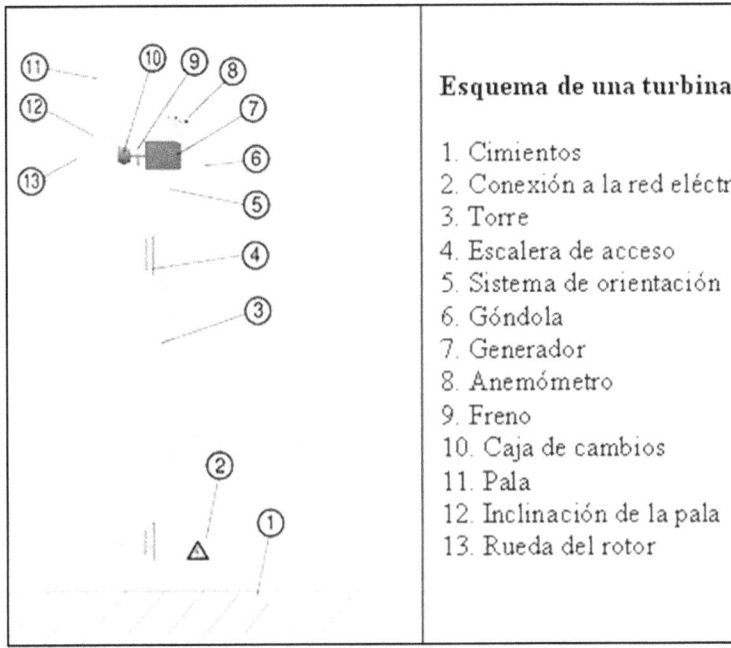

Esquema de una turbina eólica:

1. Cimientos
2. Conexión a la red eléctrica
3. Torre
4. Escalera de acceso
5. Sistema de orientación
6. Góndola
7. Generador
8. Anemómetro
9. Freno
10. Caja de cambios
11. Pala
12. Inclinación de la pala
13. Rueda del rotor

Rotor

El rotor de una turbina eólica, es la parte esencial para la conversión de energía, el rotor convierte la energía cinética del aire en energía mecánica rotacional útil en un eje. Este se compone de las aspas y el cubo (elemento de sujeción de las aspas y conexión del eje del equipo).

Turbinas eólicas modernas utilizan diseños de aspas aerodinámicas, las cuales las hacen muy eficientes y de alta velocidad. Por alta velocidad se entiende que las partes extremas de las aspas de la turbina pueden alcanzar velocidades entre 300 y 360 Km/h (100 m/s). Los rotores de las turbinas de eje horizontal se disponen a barlovento o a sotavento.

Turbinas a barlovento vienen provistas de una cola, la cual orienta el rotor para enfrentar el viento.

Turbinas a sotavento utilizan el rotor mismo para orientarse, tienen la desventaja de que el viento debe pasar a través de la torre antes de incidir sobre el rotor. Este paso por la torre causa una disminución en la energía del viento.

Las dos aplicaciones típicas de la energía eólica, se distinguen por utilizar turbinas eólicas diferentes. Para el bombeo de agua, se requiere de un sistema de baja velocidad de excitación de la bomba de agua y una gran fuerza requerida para la extracción de agua. Por esta razón, las turbinas eólicas de las aerobombas vienen provistas con muchas aspas (de 5 a 36 aspas), de allí su nombre molino de viento multipala.

En contraste, para aerogeneración eléctrica, los rotores generalmente utilizan dos o tres aspas, ya que se requiere alta velocidad rotacional y bajo momento par para mover los generadores eléctricos.

La siguiente tabla relaciona el tamaño, la potencia nominal del equipo y la velocidad típica de rotación del rotor para una velocidad de viento nominal de 12 m/s.

Diámetro del rotor en metros	Potencia Nominal a 12 m/s de viento	Velocidad de Rotación Típica en r.p.m.
1	100 w	1000
2.5	1 Kw	500
7.0	8 Kw	200
17.5	50 Kw	80
25.0	100 Kw	50
40.0	260 Kw	35

Tamaño típico de aerogeneradores eléctricos y su velocidad de rotación

El sistema de transmisión es aquel sistema que convierte la energía rotacional suministrada por la turbina a través de su eje, en movimiento oscilante del vástago de la bomba para aerobombeo o alimentación del generador eléctrico en aerogeneración. En el caso de aerobombas, generalmente el sistema consiste de una caja de cambios que reduce la velocidad de rotación, normalmente por un factor de 3, con el fin de reducir las cargas dinámicas indeseables y en algunos casos destructivas en la bomba. Esto quiere decir que mientras la turbina de la aerobomba gira a 100 r.p.m. por la acción del viento, la bomba reciprocante se excita a una tasa de 35 r.p.m.

Generalmente, las cajas de reducción de velocidad utilizan doble engranaje para evitar cargas no homogéneas en el mecanismo de biela y funcionan en un baño de aceite para su lubricación. En aerogeneración con sistemas pequeños (menos de 10 Kw de potencia eléctrica nominal) se utiliza comúnmente generadores de imanes permanentes especialmente diseñados para ser acoplados a turbinas eólicas, y por tanto no se utiliza una caja de aumento de velocidad de rotación, realizándose una conexión directa entre el rotor y el generador. Estos equipos eólicos generalmente giran a velocidades hasta de 500 r.p.m.

Para equipos eólicos de mayor capacidad (varias decenas o centenas de Kw de potencia eléctrica nominal), se requiere una caja de aumento de velocidades para excitar el generador eléctrico a velocidades de giro hasta 1800 r.p.m.; teniendo en cuenta que la turbina eólica gira entre 30 y 100 r.p.m. dependiendo de su diámetro.

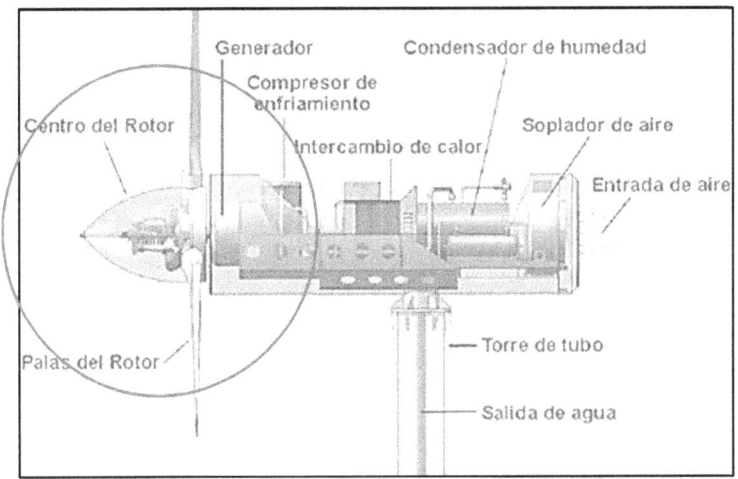

Detalle del rotor

Torre

Para maximizar la eficiencia de extracción de energía del viento, las turbinas eólicas deben estar localizadas por encima de obstrucciones que perturban el flujo del aire. Aire perturbado por influencia de obstrucciones como vegetación, árboles, edificios, etc. no fluye suave sobre la turbina reduciendo la eficiencia de conversión. Como regla general, para pequeñas turbinas eólicas, el rotor se debe colocar por lo menos 10 metros encima del obstáculo y una localización horizontal no menor a 100 metros de distancia del mismo. Es típico observar, pequeños aerogeneradores eólicos en torres entre 24 hasta 42 metros de altura. Existen tres tipos básicos de torres:

- Pivotante,
- Autoportante,
- Atirantada.

La torre pivotante esta abisagrada en la base y permite ser levantada desde el piso con la turbina ensamblada. Para pequeños sistemas es muy cómodo ya que el sistema se puede izar o acostar con relativa facilidad. Las torres pivotantes son desarrollos recientes en la industria eólica y han simplificado las tareas de mantenimiento y reparación de los sistemas.

Torres autoportantes son aquellas que no requieren de soporte externos. Estas torres son ancladas en bases de concreto. Existen torres autoportantes de dos tipos: de celosía o tubulares.

La torre de celosía es la forma más común de torre y han sido utilizadas para soportar aerobombas y antenas de radio. Estas tienen tres o cuatro patas conectadas por soportes estructurales triangulares.

La torre atirantada se soporta lateralmente por cables y anclajes.

Torre caída por vientos fuertes

Torre atirantada

Palas

Las palas del aerogenerador son unas de las partes más importantes por no decir la más importante ya que son las encargadas de recoger la energía del viento, convertir el movimiento lineal de este en un movimiento de rotación, esta energía es transmitida al buje, del buje pasa a un sistema de transmisión mecánica y de ahí al generador que transforma el movimiento de rotación en energía eléctrica.

El diseño de las palas es muy parecido al del ala de un avión.

El proceso de fabricación de las palas es laborioso principalmente por los tamaños con los que se trabaja.

Proceso de fabricación de una pala

Las palas generalmente están construidas de la siguiente manera: una estructura central resistente más dos cubiertas exteriores que forman el perfil aerodinámico, de forma alabeada y anchura decreciente hacia la punta en dirección axial.

Los requisitos que debe cumplir la pala para que todo este correcto son:

1) Tener una resistencia estructural adecuada a las condiciones de trabajo a las que va a ser sometida.

2) Resistencia a fatiga (en particular a tensiones alternas debidas a vibraciones).

3) Rigidez.

4) Peso bajo.

5) Facilidad de fabricación.

6) Resistencia a agentes medioambientales (erosión, corrosión) han ido incrementándose en los últimos 20 años.

Los materiales más empleados son:

1) Aleaciones de acero y de aluminio, que tienen problemas de peso y de fatiga del metal, respectivamente, son actualmente usadas sólo en aerogeneradores muy pequeños.

2) Fibra de vidrio reforzada con resina poliéster, para la mayoría de las modernas palas de rotor de grandes aerogeneradores (dificultad de localizar el c.d.g).

3) Fibra de vidrio reforzada con resina epoxy ("GRP"), en forma de láminas preimpregnadas. Palas

más ligeras, mayor flexibilidad, menor deformación bajo temperaturas extremas, excelente resistencia a la absorción de agua.

4) Fibra de carbono o aramidas (Kevlar 29 o Kevlar 49) como material de refuerzo en tiras por sus buenas propiedades mecánicas .Alta resistencia específica, palas muy ligeras. Normalmente estas palas son antieconómicas para grandes aerogeneradores.

5) Mixtos fibra de vidrio-fibra de carbono.

6) Materiales compuestos (composites) de madera, madera-epoxy, o madera-fibra-epoxy, aún no han penetrado en el mercado de las palas de rotor, aunque existe un desarrollo continuado en ese área.

Ensayos a los que son sometidas las palas

Test a estática: las palas son sometidas a cargas extremas durante un tiempo predeterminado (10-15s), para probar su resistencia a la rotura: son flexionadas en dos direcciones (flapwise & edgewise) utilizando un ciclo próximo a la frecuencia natural de la pala en cada dirección.

Test dinámico: se somete a la pala a oscilaciones correspondientes con su frecuencia natural: cinco millones de ciclos respecto de los dos ejes principales. Durante las pruebas una cámara de infrarrojos de alta resolución se usa para chequear si hay pequeñas roturas en el laminado de la pala y se registran las medidas de deformación procedentes de galgas extensiométricos colocadas sobre la superficie de la pala.

Test de rotura: cuando se usa un nuevo material o se ha realizado un cambio significativo en el diseño de la pala, se realiza adicionalmente un test de rotura, que no es más que llevar el test estático al caso extremo, aplicando una carga estática creciente en valor hasta lograr que la pala rompa, realizando los análisis posteriores de la superficie de fractura.

Inspección con infrarrojos (Termografía): se utiliza para revelar un aumento de calor local en la pala. Esto puede indicar:

    a) Un área con humedecimiento estructural.

    b) Un área de laminación o un área que se está moviendo hacia el punto de rotura de las fibras.

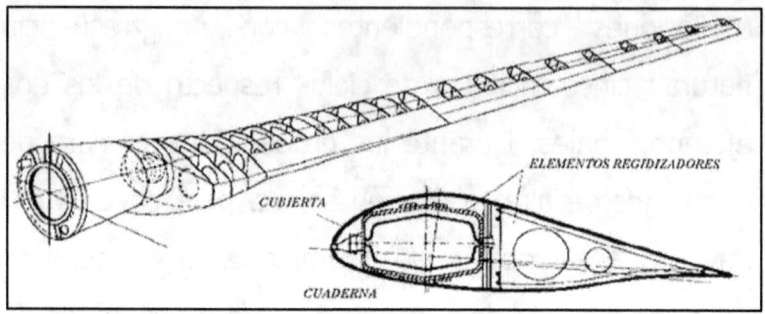

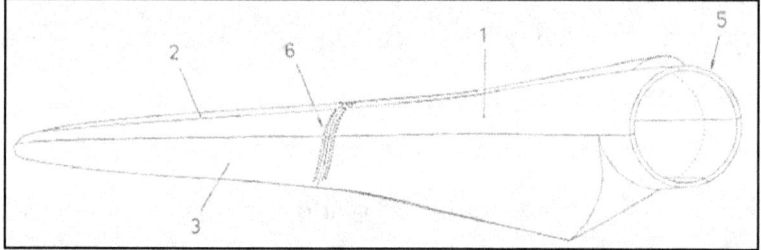

Detalles de la Pala eólica

Góndola

Carcasa que protege su mecanismo interno. Contiene los componentes clave del aerogenerador, el multiplicador y el generador eléctrico. El personal de servicio puede acceder al interior de la góndola desde la torre.

Transformador

El transformador para instalaciones eólicas se utiliza como enlace entre el generador eólico alimentado por las aspas eólicas y la línea de distribución.

Este tipo de transformadores se puede instalar tanto en el exterior como en el interior de la torre eólica.

Si se posiciona en el interior, los transformadores se pueden instalar en la base de la torre o en la cima.

La instalación del transformador para instalaciones eólicas puede presentar distintos problemas que se deben tener en cuenta durante la fase de diseño:

El espacio reducido, y en consecuencia, en intercambio térmico limitado; fuertes vibraciones, dificultad en el montaje y el desmontaje en torres con dimensiones más contenidas; cuando se trata de transformadores sumergidos en aceite, es preciso considerar una clase de aislamiento más elevada para evitar problemas relativos al aumento de temperatura, además del uso de aceites especiales para reducir al mínimo los riesgos relacionados con la inflamabilidad. El sector eólico prevé una normativa medioambiental más severa, la clase ambiental E3, para garantizar el correcto funcionamiento en condiciones climáticas más extremas.

Sistema de seguridad

Todos los equipos eólicos poseen algún tipo de sistema de seguridad para protegerlo de borrascas o incrementos inadecuados en la velocidad. Sería poco práctico (tanto económica como técnicamente) diseñar un equipo lo suficientemente fuerte para mantener operación constante durante ventarrones o borrascas. Generalmente en equipos pequeños (esto es hasta 10 Kw de Potencia Nominal) el sistema de seguridad está asociado con el sistema de orientación; y este consiste de una cola o veleta detrás del rotor y el eje vertical del rotor esta descentrado con respecto al eje central de la torre. Con esta combinación, a bajas velocidades de viento el rotor es adecuadamente orientado y con incremento en la intensidad del viento el rotor es gradualmente "sacado" del viento, disminuyendo su velocidad de rotación. A mayores incrementos de viento se logrará que el rotor pare lográndose total desconexión y protección total del equipo. En equipos de mayores potencias (mayores a 10 Kw), el sistema de seguridad está asociado con controles electrónicos para protección directa de los elementos que integran el equipo.

Generador

El generador es el elemento que convierte la energía rotacional del eje de la turbina en electricidad. Como se mencionó anteriormente, en algunos casos se conecta a través de una caja de aumento de velocidad. El generador produce corriente alterna o corriente directa. Los equipos eólicos de generación generan electricidad a una variedad de voltajes, desde 12 a 24 voltios D.C. para carga de baterías o 120 o 240 voltios A.C. para interconexión con la red eléctrica, aunque se pueden conseguir otros voltajes, según necesidad.

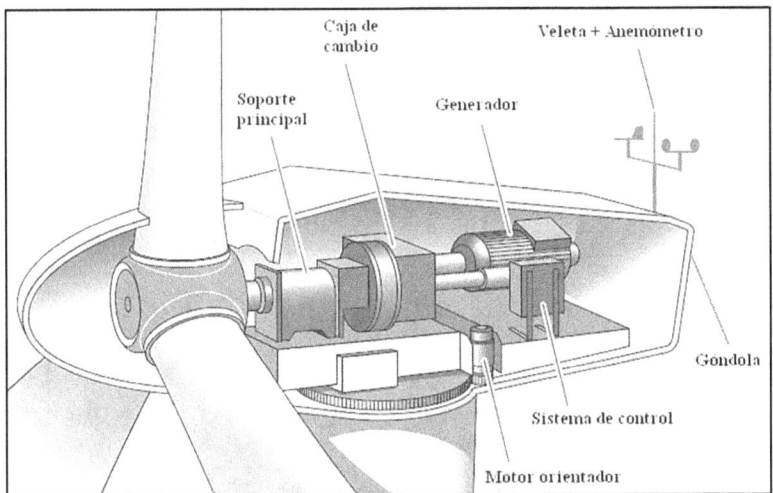

Detalle de la góndola y su contenido

Conexiones eléctricas y controladores

Las conexiones eléctricas y los controladores son todos los elementos necesarios para acondicionar y controlar la energía eléctrica producida por el aerogenerador. Esto incluye el barraje, contadores, switches de carga, inversores y baterías. Estos equipos son los que permiten controlar la calidad de suministro de energía eléctrica.

Para el sistema de carga de baterías, un controlador de carga es utilizado para proteger las baterías de descarga o sobrecarga. Generalmente se utiliza un inversor de corriente para convertir la corriente directa de las baterías en corriente alterna requerida para operar equipos eléctricos convencionales.

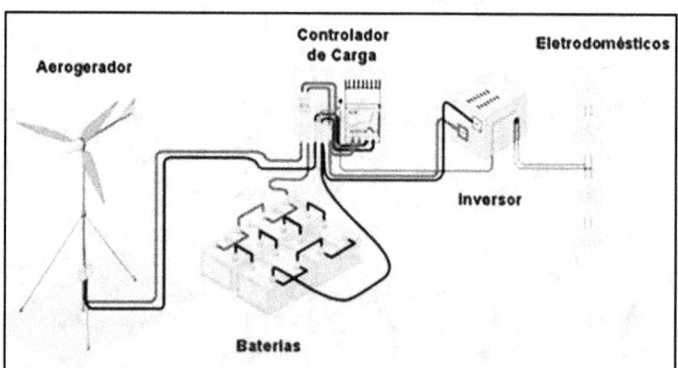

Circuito eléctrico básico del aerogenerador

Sistemas de protección y control

Los sistemas de control abarcan desde interruptores, fusibles y reguladores de la carga de baterías hasta sistemas computarizados de control de sistemas de orientación. La sofisticación de los sistemas de control y protección varía dependiendo de la aplicación de la turbina eólica y del sistema de energía que soporta.

Sistema de orientación y protección

Funciones de un Sistema de Protección. Un sistema de protección debe cumplir dos funciones principales:

- Limitar la fuerza de empuje axial sobre el rotor.

A velocidades altas de viento los momentos flectores sobre los álabes son mayores, por lo que se incrementa el riesgo de una falla por rotura. Si las estructuras de soporte no son muy resistentes, éstas podrían fallar antes de que se presente una falla en los álabes del rotor.

- Limitar la velocidad de giro del rotor y la potencia extraída.

Una alta velocidad de giro puede ocasionar lo siguiente:

- Fuerzas altas de tracción en los álabes (a lo largo de éstos), podrían conllevar a una falla en ellos con el consecuente desbalance y falla total en el rotor.

- La combinación de una alta velocidad de rotación con un cambio súbito en la orientación (giro en eje vertical) tiene como resultado altos momentos giroscópicos lo que ocasiona excesivos momentos de flexión en los álabes y el eje del rotor.

- También debido a altas velocidades de rotación puede llegar a presentarse un peligroso comportamiento aero-elástico llamado "flutter" que es una vibración generada por el desprendimiento de vórtices del álabe. Estos vórtices son causados por la vibración mecánica del álabe. Los modos de deformaciones en que se presenta este fenómeno pueden ser tanto flectores como torsionales o combinación de ambos.

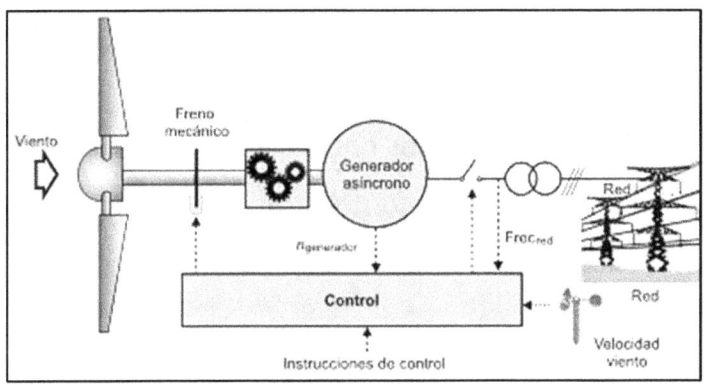
Sistema de control

Tipos de Sistemas de Protección

El sistema de protección puede actuar sobre todo el rotor o sobre cada álabe. La primera opción es usualmente empleada en turbinas de pequeña potencia.

Sobre el rotor

Estos sistemas hacen que el rotor se mueva y deje de enfrentar al viento, el área de captación del rotor va disminuyendo lo que limita la potencia extraída del viento. Estos sistemas actúan de la siguiente forma:

- Moviendo el rotor lateralmente:
    - Veleta articulada con inclinación. Trabaja con el rotor excéntrico o con una veleta auxiliar y rotor no excéntrico.

- Rotor excéntrico balanceado por medio de veleta reguladora con resorte.
- Moviendo el rotor hacia arriba, necesita resorte de regulación o con contrapeso.
- Aletas auxiliares para disipar el flujo principal del rotor.

Sobre los álabes

- Control del paso o sistemas de paso variable. El ángulo de instalación del álabe es variado mediante:
    - Fuerza centrífuga de masas en el plano de rotación del rotor.
    - Fuerza axial en los álabes.
    - Control automático externo (servomotores o motores hidráulicos).
- Control por pérdida aerodinámica. Usado en rotores de paso fijo, el generador está sobredimensionado de tal forma que a la velocidad de protección el rotor se frena por no poder suministrar la potencia mecánica necesaria para seguir accionando al generador.
- Alerones de control en los álabes.

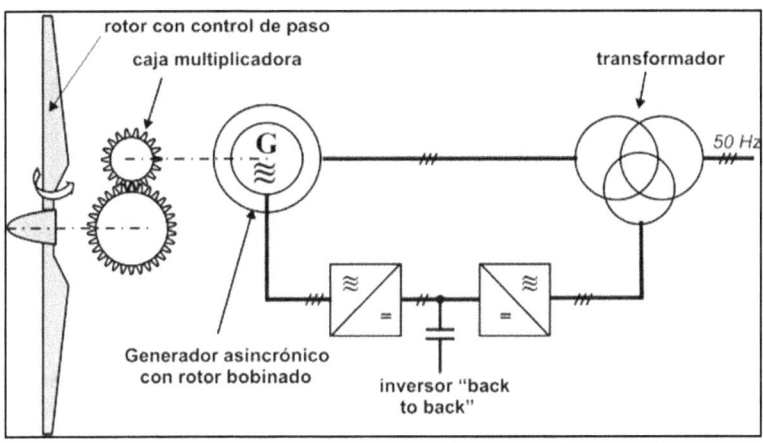

Detalles del Control eléctrico

Baterías o acumuladores

En sistemas eólicos autónomos, el almacenamiento de la energía generada es la única solución para poder adaptar la irregularidad del suministro de los aerogeneradores a la irregularidad de la demanda. Las baterías son empleadas para almacenar la energía eléctrica generada. Las baterías más comúnmente empleadas y más baratas son las de plomo-ácido.

Tipos de baterías

Dependiendo de los usos que se requieran, existen diferentes tipos de baterías, como: baterías estacionarias, de arranque, de tracción entre otros.

Las baterías estacionarias generalmente están destinadas a permanecer fijas en un determinado lugar y a producir una corriente de forma permanente o esporádica, pero no se emplean para producir altas corrientes en breves períodos de tiempo.

Las baterías de arranque, como por ejemplo las de automóvil, además de suministrar energía eléctrica para diversos servicios, proporcionan una gran intensidad de corriente durante unos pocos segundos cada vez que se desea poner en marcha el motor de un automóvil. Están construidas para soportar estas grandes intensidades. Las placas que forman sus electrodos son más gruesas que en las baterías estacionarias y por consiguiente su vida útil es menor, debido a las duras condiciones de trabajo.

Una aplicación de baterías de tracción es alimentar motores de pequeños vehículos eléctricos, como los que existen en las estaciones para transportar equipaje y mercancías. A estas baterías se les exige una intensidad moderadamente alta durante períodos de algunas horas de forma casi ininterrumpida.

Para aplicaciones en energías renovables se emplean baterías estacionarias, dado que los equipos de generación suministran corriente de una manera casi regular durante períodos de tiempo que se miden en horas al día. Las cargas de consumo requieren corrientes relativamente pequeñas durante varias horas al día, y los elementos de control de potencia garantizan que no se presenten sobrecargas que puedan dañar las baterías. De acuerdo a sus características y elementos constituyentes, las baterías son de electrolito ácido y de electrolito alcalino. Las baterías de electrolito ácido están más difundidas, tienen plomo como elemento base de sus electrodos por lo que se denominan baterías de plomo-ácido. Destacan las de placas tubulares, cuyas placas positivas están constituidas por tubos resistentes al ácido que sirven de soporte a la materia activa situada en su interior. Las baterías alcalinas más usadas son las de níquel-cadmio y las de níquel-hierro. En un acumulador de plomo-ácido la reacción química principal es la siguiente: *Bióxido de Plomo + Plomo + Ácido Sulfúrico Sulfato de Plomo + Agua + Energía Eléctrica.* Cuando se descarga una batería de plomo-ácido, el bióxido de plomo de la placa positiva se transforma en sulfato de plomo y la placa negativa, que en estado de carga consiste en plomo esponjoso, se transforma también en sulfato de plomo. A medida que la batería se descarga, hay menos ácido y más agua en el electrolito y más sulfato de plomo en las placas. Durante el proceso de carga, la corriente descompone el agua del electrolito en oxígeno e hidrógeno y este último se combina con el sulfato de ambas placas regenerándose de nuevo el ácido sulfúrico. El oxígeno, a su vez, se une al plomo de la placa positiva recuperándose el bióxido de plomo, mientras que la placa negativa queda reducida a plomo poroso. Cuando la batería va envejeciendo, los cristales de sulfato de plomo no eliminados aumentan de tamaño, dificultando el acceso del electrolito al interior de la materia activa que forman las placas e impidiendo que la batería pueda regenerarse. Si se continúa excesivamente con el proceso de carga, pueden producirse efectos no deseables, como la producción excesiva de gases (el agua se descompone liberando oxígeno e hidrógeno). El exceso de oxígeno puede dañar las rejillas positivas oxidándolas. También se produce un aumento de la temperatura, consecuencia del calor generado en el interior de la batería, que produce a su vez una serie de efectos perjudiciales.

Capacidad de acumulación de las baterías

La Capacidad C de una batería es la máxima cantidad de electricidad que puede contener. Teóricamente, descargando por completo la batería en condiciones ideales podemos obtener una cantidad de electricidad igual a su capacidad, y a un voltaje determinado por las características de la batería. En la práctica y para evitar daños irreversibles en la batería, solo se puede aprovechar una cantidad de electricidad inferior a la capacidad teórica o nominal, que viene a ser la capacidad útil. Según el tipo de batería y las condiciones de operación, la capacidad útil es una fracción de la capacidad nominal que oscila entre 30% para algunas baterías de bajo precio, y más de 90% para baterías alcalinas de alta calidad. La cantidad de electricidad que se puede obtener de una batería depende del tiempo del proceso de descarga, siendo mayor cuanto más lentamente sea la descarga. La capacidad se expresa en A-h (Amperio-hora) y se acompaña de un subíndice que indica el tiempo de descarga en horas para dicha capacidad, por ejemplo, C_5, C_{15}, C_{25} representan la capacidad con tiempos de descarga de 5, 15 y 25 horas respectivamente.

La profundidad de descarga es el porcentaje sobre la capacidad máxima de una batería que se llega a extraer de la misma en aplicaciones habituales. La profundidad de descarga es un término variable, según el tipo de batería, e influye en su vida útil. La vida útil de una batería se suele medir en ciclos más que en años. Un ciclo es un proceso de carga y descarga hasta alcanzar la profundidad de descarga recomendada. La autodescarga es el fenómeno por el cual una batería, debido a causas diversas, experimenta una lenta y continua descarga aunque no esté conectado a ningún circuito externo.

El valor de la autodescarga debe ser suministrado por el fabricante, siendo función, además de las características propias de la batería y de factores ambientales como por ejemplo la temperatura. Si no se conocen los datos, la autodescarga deberá estimarse de 0,5% a 1% diario de la capacidad de la batería, según la temperatura del lugar sea media o alta.

Descargas admisibles y mantenimiento de las baterías
La vida útil de baterías de Ni–Cd es por lo general mayor que las de plomo–ácido, pueden descargarse

hasta el 90% de su capacidad, la falta de agua no las deteriora pero su costo es alto.

Las baterías de placas de Pb–Sb (plomo–antimonio) son empleadas en instalaciones medias o grandes. Admiten descargas moderadamente altas, la profundidad de descarga debe ser a lo más 70% y eventualmente llegar a 80% como máximo. Sin embargo el número de ciclos de carga–descarga y la vida útil, será mayor, cuanto menor sea la profundidad de descarga. Estas baterías son conocidas también como baterías de ciclo profundo. Es recomendable que cada mes el nivel del electrolito de las baterías sea revisado y añadir agua destilada, si es necesario, después de haber sido completamente cargadas. La batería de Pb–Ca (plomo–calcio) es otro tipo de batería de plomo–ácido. Es adecuada para pequeñas instalaciones, no requiere mantenimiento y tiene baja autodescarga. No admite gran número de ciclos por debajo del 15% de su capacidad en A–h y no soporta descargas superiores al 40% que eventualmente podrían llegar al 50%. Estas baterías son selladas y con electrolito en forma de gel, no requieren mantenimiento pero son muy sensibles al proceso de carga, pierden capacidad si son sobrecargadas lo que va acortando su vida útil.

Para que las baterías tengan una vida larga, deben descargarse en la Zona de Operación, descargas eventuales son admisibles pero no deben realizarse de manera continua sino la vida de las baterías se acorta.

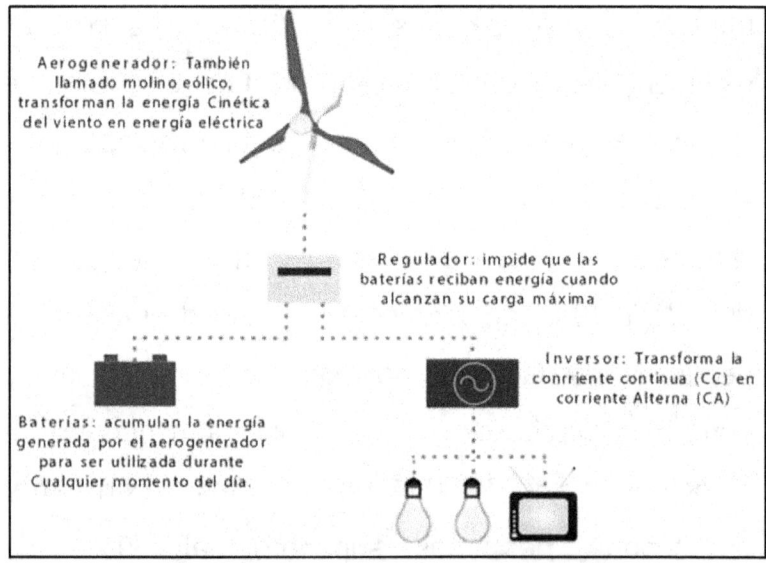

Ubicación de la/s batería/s en el circuito

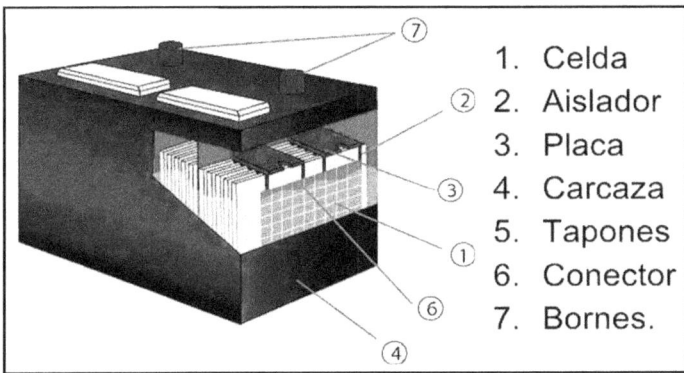

Partes de una batería eólica

1. Celda
2. Aislador
3. Placa
4. Carcaza
5. Tapones
6. Conector
7. Bornes.

Controladores de carga

Los controladores de carga o reguladores de voltaje son elementos que aseguran una mayor confiabilidad de operación a sistemas de energías renovables ya sean del tipo solar, eólica, hidráulica o una combinación de estas fuentes de energía.

Los controladores de carga tienen las siguientes funciones:

- Controlar el nivel de corriente que ingresa a la batería, lo cual es logrado al mantener el voltaje de la batería dentro de límites seguros. Por lo general, un sistema de 12 V con baterías de plomo-ácido no debe exceder de un voltaje de 14V. Para sistemas de 24 ó 48V, este voltaje límite es 28 ó 56V respectivamente. 21Siempre es mejor emplear los valores que proporcionan los fabricantes de baterías de plomo-ácido y de otros tipos.

- Evitar que el aerogenerador opere en vacío con el consiguiente peligro para el rotor y demás partes mecánicas debido al embalamiento, para lo cual es necesario disipar la energía en exceso en una resistencia de disipación o derivación. En el caso de paneles fotovoltaicos esta situación no representa peligro alguno.

Las tecnologías más difundidas de controladores de carga o reguladores de voltaje son:

- Modulación del ancho de pulso (PWM).

Estos dispositivos controlan el nivel de voltaje que reciben las baterías desde el sistema de generación de energía, mediante el encendido y apagado de contactores a una alta frecuencia utilizando MOSFETS u otros dispositivos similares. Uno de los problemas de este sistema es que puede causar interferencia electromagnética, por lo tanto controladores basados en esta tecnología cumplen con normas como la UL Standard 1741.

▶ Regulador "SHUNT"

Los reguladores shunt mayormente se aplican a turbinas de viento, emplean. Cuando la batería supera el límite permisible de voltaje una resistencia es conectada en paralelo con el aerogenerador evitando que la batería reciba el exceso de energía y a la vez manteniendo el rotor en velocidades que no sean peligrosas estructuralmente. Los fabricantes de aerogeneradores por lo general suministran este tipo de controladores con sus equipos.

Otras características importantes que pueden tener los controladores de carga son:

- Evitar una descarga excesiva de las baterías por parte del usuario desconectando las cargas de consumo cuando se llega a esta situación.
- Sistema de reconexión ya sea manual o automático.
- Alarma de advertencia de baja carga de las baterías.
- Sistema automático para conexión y desconexión de la alarma.

Inversores

Un inversor es un dispositivo que convierte la corriente continua o directa (CC, CD o DC) en corriente alterna (CA o AC).

Se utilizan para artefactos eléctricos que requieren CA o para hacer conexiones a una red CA.

La selección de inversores debe hacerse teniendo en cuenta los siguientes aspectos:

- Voltaje de Entrada en Corriente Continua

Los valores más comunes son 12, 24, 48 VDC, de acuerdo al voltaje del banco de baterías.

- Voltaje de Salida en Corriente Alterna

Los valores más comunes de voltaje son 110/120, 220/230 VAC y de frecuencias son 50 y 60 Hz. En Norteamérica se emplea 120 VAC y 60 Hz, y en Europa 230 VAC y 50Hz.

Algunos fabricantes ofrecen 220/230 VAC y 60 Hz los cuales son los parámetros que corresponden a nuestro medio.

- Potencia Nominal

Es la potencia en operación que puedan requerir las cargas de consumo y que el inversor es capaz de suministrarla de manera ininterrumpida.

- Potencia Pico

Los picos de potencia que puedan requerir las cargas de consumo como por ejemplo el arranque de motores eléctricos de electrodomésticos, deben considerarse para que cuando se presente esta eventualidad el inversor no sea dañado.

- Forma de la Onda Alterna de Salida

Actualmente hay inversores con formas senoidal modificada y senoidal pura. Los inversores de onda cuadrada ya no se emplean por ser inadecuados para cargas de consumo como motores eléctricos, luminarias, etc.

Es preferible la forma senoidal pura pues garantiza valores de voltaje y potencia de salida como los que se obtendrían de una red eléctrica convencional, además de una alta eficiencia para el sistema eléctrico y mayor vida para las baterías al optimizarse los ciclos de carga y descarga.

Los inversores no senoidales (onda cuadrada) causan voltajes incorrectos que dificultan la operación de equipos, producen distorsión armónica que causa interferencia en comunicaciones y recalentamiento de los equipos eléctricos en uso.

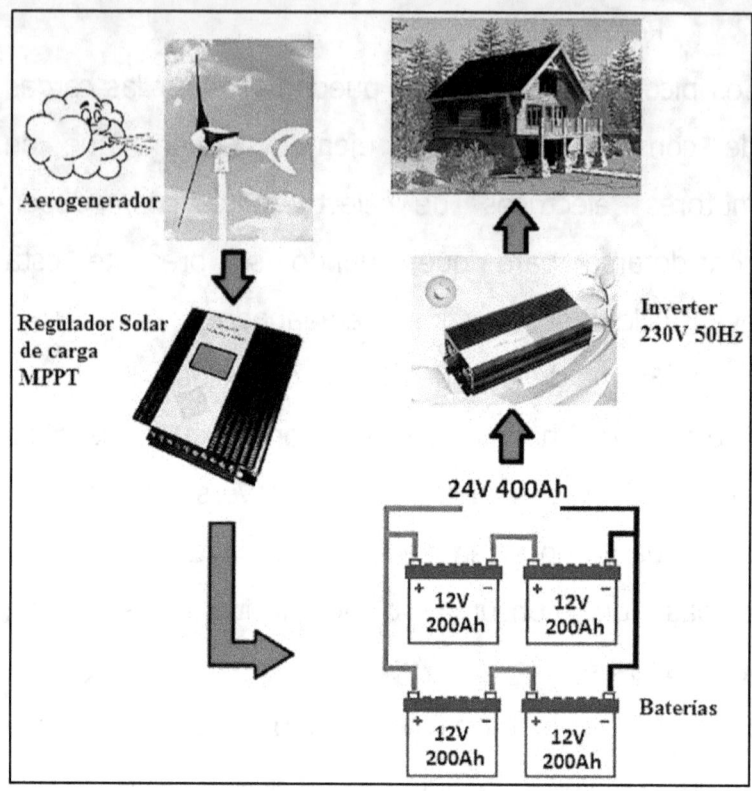
Regulador de Carga e inversor en un circuito eólico

Resistencia de derivación o disipación

La resistencia de derivación se emplea para disipar o derivar la energía en exceso producida por el aerogenerador. Esta operación puede realizarse manualmente o empleando un controlador de carga para aplicaciones eólicas. Al alcanzar la batería su estado de carga completa, el controlador derivará la energía en exceso a la resistencia de derivación de acuerdo a su principio de operación. Otra función de la resistencia de derivación es evitar el embalamiento del aerogenerador si es que el controlador, de acuerdo a su diseño, corta la alimentación del aerogenerador a la batería. La resistencia de derivación es un elemento resistivo puro que debe soportar un 25% más de corriente que la que puede suministrar el aerogenerador en el pico.

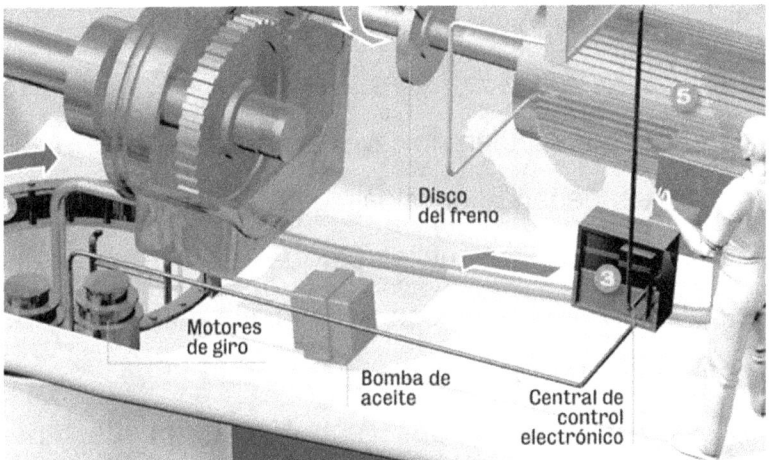

Detalle del control electrónico

Los aerogeneradores y el medio ambiente

La energía eólica es de las más limpias, renovables y abundantes, ya que los aerogeneradores eléctricos no producen emisiones contaminantes (atmosféricas, residuos, vertidos líquidos), y no contribuyen, por lo tanto, al efecto invernadero ni a la acidificación. No obstante, también existen factores negativos, algunas de consecuencias medio ambientales son:

El impacto visual. Mientras que un parque de pocos aerogeneradores puede hasta llegar a considerarse atractivo, una gran concentración de máquinas plantea problemas. Para evitarlo, se suelen utilizar colores adecuados, una cuidada ubicación de las instalaciones en la orografía del lugar y una precisa distribución de los aerogeneradores.

El impacto sobre las aves. Se trata de un impacto potencial que, si bien no reviste gravedad en términos generales, depende principalmente de la ubicación del parque eólico. En aquellos parques en que se sitúen en áreas sensibles, puede ser minimizado a través de programas de vigilancia y seguimiento.

La flora y la fauna. Una central eólica puede tener efectos directos en la modificación del hábitat existente en la zona y de algunos de los organismos que en él habitan, generando ruidos y movimientos que afectan el comportamiento de los animales.

El efecto sonoro. Un aerogenerador produce un ruido similar al de cualquier otro equipamiento industrial de la misma potencia. La diferencia recae en que mientras los equipamientos convencionales se encuentran normalmente cerrados en edificios diseñados para minimizar su nivel sonoro, los aerogeneradores tienen que trabajar al aire libre y cuentan con un elemento transmisor de sonido: el propio viento.

El impacto por erosión. Se producen principalmente por el movimiento de tierras durante la preparación de los accesos al parque eólico. Esta incidencia se puede reducir mediante estudios previos a su trazado.

Las interferencias electromagnéticas. El gran tamaño de los aerogeneradores puede producir una interferencia en las ondas de radio, telefonía, televisión, etc. cuando las aspas están en movimiento.

DIMENSIONAMIENTO DE SISTEMA

Algunas pautas se darán para determinar qué tan grande debería ser toda la instalación y cómo pueden seleccionarse los componentes individuales.

La mejor estrategia es ir por los componentes probados.

Se analizarán:

- Cálculo de la demanda y el suministro de energía.
- Determinar el tamaño de la instalación.
- Tener en cuenta el dimensionado exacto.

Un correcto dimensionado es importante, no solamente para que la instalación funcione debidamente, sino para que la vida de esta sea larga, que es uno de los objetivos principales.

Los elementos constituyentes de la instalación deben guardar entre si la proporción justa y equilibrada. De nada servirá sobredimensionar el sistema de generación de energía con el propósito de contar con más de esta si las baterías tienen escasa capacidad para almacenarla, pues se perdería la mayoría de ella.

Un regulador de menor amperaje que el indicado o un simple conductor de sección insuficiente puede ser causa de avería y paralización de la instalación, por lo que cada componente de la misma debe ser cuidadosamente calculado y elegido por el proyectista entre la gama del catálogo comercial.

El dimensionado debe tener siempre en cuenta el posible perjuicio en el caso de una paralización de la instalación. Así, por ejemplo, si ésta suministra energía eléctrica a un equipo de radioenlace, cuyo funcionamiento puede ser vital, no se debe escatimar en potencia del aerogenerador a instalar ni en capacidad, calidad de la batería y demás elementos, aun a costa de que sólo se utilice normalmente una pequeña fracción de la energía potencialmente obtenible. Si, por el contrario, se trata de una instalación de iluminación de viviendas, puede ser más rentable para el usuario asumir el riesgo de tener que reducir el consumo incluso por debajo del mínimo necesario durante determinados días al año, que instalar sistemas generadores de mayor potencia y baterías de mayor capacidad, pagando un sobreprecio considerable por tener más seguridad de suministro bajo cualquier circunstancia. Se entiende entonces que el tema del dimensionamiento debe abordarse antes de comenzar el cálculo de cada elemento, en función de la necesidad razonable del usuario, capacidad económica de éste y preferencias determinadas, siendo imprescindible que el proyectista recoja toda la información posible directamente de los futuros usuarios de la instalación, tratando de satisfacer sus requerimientos hasta el límite de lo posible. El o los usuarios deben saber desde el primer momento, es decir, antes de iniciar el proyecto de instalación, cuáles van a ser las posibilidades y limitaciones de la misma y haberlas asumido perfectamente. De otro modo, puede haber descontento por una escasa información o, simplemente, por falta de comunicación previa entre la empresa y los usuarios.

Estudio de la demanda a cubrir

El primer paso es definir perfectamente los objetivos de la instalación, atendiendo a las necesidades reales de los futuros usuarios y a sus requerimientos concretos. Para ello, el proyectista debe recabar información de la utilización prevista, no solo inicialmente, sino durante los años futuros.

Desde el primer momento, puede darse al usuario la opción de efectuar una instalación modular, prevista de forma que resulte fácil ir añadiendo otros sistemas de generación y baterías a medida que las necesidades crezcan. Esto es en definitiva más costoso, pero puede ser interesante siempre que el usuario prevea esta posibilidad.

Una norma razonable sería proyectar la instalación para satisfacer el consumo inicialmente necesario, más el producido por una probable ampliación para el segundo o tercer año.

Todos los datos referentes a los consumos previstos deberán recopilarse y anotarse, a fin de proceder a una primera evaluación de los mismos.

Si no se conoce la potencia real de los aparatos, por ejemplo de la TV o de un determinado equipo, es preciso indagar a través del fabricante o proveedor de los mismos, teniendo en cuenta que una cosa es la potencia teórica y otra la consumida en la práctica, que es superior, debido a la pérdida por rendimiento.

Una vez determinadas, teórica o experimentalmente, las potencias consumidas por cada aparato, es preciso estimar, y esto ha de hacerse de acuerdo con el usuario, los tiempos medios de utilización diarios, semanales, mensuales o anuales de cada uno de ellos. Es importante tener en cuenta que no siempre los consumos de potencia serán homogéneos. Por ejemplo una familia puede que consuma más luz durante los fines de semana que en los demás días.

En un típico caso de iluminación en viviendas de uso doméstico se debe considerar una potencia y un tiempo medio diario de consumo mínimos.

Otra información que es conveniente poseer sobre el usuario es:

· Datos de identificación: Ubicación, titular, etc.

· Superficie útil de la vivienda: Superficie habitable.

· Número de usuarios: Número de niños y adultos.

· Meses de uso al año: Puede ser 12 o menos.

· Días de utilización por semana: Puede ser sólo los fines de semana.

· Período de utilización máximo y mínimo: En invierno se usará más la iluminación y en verano el refrigerador.

· Consumos no periódicos: Aumento circunstancial de usuarios, utilización de la energía para obras, etc.

· Observaciones: Indicaciones del usuario, ver las

preferencias, grado de atención que va a prestar al control de consumos, etc.

· Potencia máxima de consumo simultáneo: Para el caso mostrado en la Tabla siguiente sería de 122W.

· Necesidad de inversor: Será seleccionado en función al valor de la potencia de consumo simultáneo.

· Voltaje de consumo elegido: 12 ó 24V.

· Energía requerida (ET) : La suma de los consumos.

· Otras consideraciones: Anotaciones importantes del proyectista.

Toda esta información más la tabla de consumo representa la "hoja de datos" de consumos y constituye el punto de partida para el cálculo de la instalación.

Característica	Potencia (W)	Tiempo (h/día)	Energía (W-h/día)
Sala	15	5	75
Comedor	15	5	75
Dormitorio	15	0.5	7.5
Aseos	15	1	15
Cocina	15	2	30
TV BN	32	4	128
Pasillos, entrada, otros	15	2	30
TOTAL	122		360,5

Potencia y tiempos mínimos sugeridos para instalaciones de iluminación en viviendas aisladas

La Tabla muestra valores recomendables para establecer el consumo diario de energía mínimo en una vivienda aislada. Este consumo se establece de forma sencilla multiplicando el valor de potencia con el de tiempo en horas por día. Sin embargo como ya se ha mencionado, el consumo de energía tendrá que establecerse de forma precisa con la información que proporcione el usuario.

Si fuera preciso, también pueden especificarse los tiempos de consumo mensuales y anuales, en la misma hoja de datos o en otras diferentes. Esto resultará útil para aquellos casos en que el consumo no se aproximadamente a lo largo del año.

Observaciones:

· Solamente deben considerarse los puntos de luz que normalmente están encendidos. Por ejemplo, es común disponer en los dormitorios de dos puntos de luz, uno en el techo, para la iluminación de toda la estancia, y otro en la cabecera de la cama o una pequeña lámpara de noche, pero normalmente nunca van a estar ambos encendidos al mismo tiempo, de modo que, para efectos del cálculo de consumos, se considera como si existiese un solo punto de luz en el dormitorio. No así a la hora de realizar el presupuesto, pues hay que considerar el costo del tendido y la luminaria.

· Es difícil saber el tiempo que el motor del refrigerador permanece funcionando a lo largo de las 24 horas del día, pues se conecta y desconecta varias veces. Es preciso estimarlo aproximadamente.

· Nuevamente se resalta la importancia de conocer la potencia pico de acuerdo a las cargas que funcionarán de forma simultánea en algún momento, esto determinará el fusible de seguridad de la instalación así como el inversor a instalar (si la instalación lo ha previsto).

· De utilizarse un inversor, es preciso señalar si va a ser conectado a unos cuantos aparatos o toda la red va a trabajar bajo tensión alterna. En el primer caso la eficiencia del inversor afectará sólo a parte del consumo. Los usuarios de la instalación deben ser conscientes desde el primer momento de la importancia en respetar los valores de consumo previstos. Un alto porcentaje de fracasos en el uso de sistemas con energías renovables se debe a que los consumos reales son mucho mayor que los estimados partiendo de los datos suministrados por el propio usuario. En una vivienda electrificada por la red convencional, ciertos descuidos, como dejar luces encendidas, abrir constantemente la puerta del refrigerador o mantener la TV funcionando aun cuando nadie esté atento, solamente suponen un mayor costo en la cuenta mensual de la luz. En el caso de una instalación con energía eólica u otras fuentes renovables, puede suponer el tener que quedarse a oscuras durante varios días. Para determinar el consumo de bombas de extracción o elevación de agua hay que tener en cuenta que el rendimiento de las mismas es muy bajo, sobre todo si son de pequeña potencia, por lo que el consumo eléctrico real nunca ha de calcularse solamente partiendo de los datos o de la curva de caudal-altura manométrica, sino fijándose en la potencia eléctrica real consumida por la bomba, de acuerdo con las especificaciones técnicas del fabricante. Incluso en instalaciones en donde la operación continua es vital, como son las repetidoras de señal de TV, radiotelégrafos, instalaciones militares, etc. pueden cometerse errores de partida en la asignación de la potencia consumida por los diferentes equipos electrónicos alimentados. Siempre es aconsejable que el propio proyectista o la empresa responsable de la instalación pueda medir, mediante un vatímetro, la potencia real consumida por el equipo al menos para instalaciones con consumos superiores a 100W.

Cálculo de energía demandada

El primer paso consiste en determinar el número máximo N de días de autonomía previstos para la instalación. Este número debe ser asignado por el proyectista de acuerdo a las características climatológicas del lugar, el servicio que presta la instalación y las circunstancias particulares de cada usuario. Teóricamente *N* representa el máximo número de días consecutivos que podrían producirse con condiciones absolutamente desfavorables (calma en la escala Beaufort). Durante este período el aerogenerador no produce energía y todo el consumo se hace a expensas de la reserva de la batería, la cual disminuye rápidamente su nivel de carga. Si se desea cubrir eventuales períodos largos de calma, que aunque con poca frecuencia, siempre se producen, los cálculos podrían determinar una capacidad de baterías muy grande, con un costo elevado, lo cual sólo puede tener justificación en instalaciones especialmente importantes en relación al servicio que presten. En los casos normales, como por ejemplo la iluminación de viviendas, es preferible reducir algo el número N de días de autonomía, aun a costa de correr el riesgo de que algún momento habrá que recortar el consumo para evitar descargar la batería más de lo conveniente. Por ejemplo, para los datos de viento correspondientes al mes de Agosto de 2005, pueden observarse días de calma del día 9 al día 13 de Agosto, esto representaría 5 días consecutivos de calma en que las baterías no recibirían energía del aerogenerador. Fijado el número de días de autonomía N y establecida también la energía total teórica ET requerida en un período de 24 horas, obtenida a partir de las potencias y del tiempo de funcionamiento de cada aparato de consumo, se procede a hallar la energía real necesaria E la cual, proveniente del aerogenerador, deben recibir las baterías, del cual ya se habrá decidido el tipo y características como profundidad de descarga máxima admisible, Pd.

La energía E equivaldrá a la energía que se necesite diariamente, teniendo en cuenta las diferentes pérdidas que existen, puede establecerse una expresión razonablemente precisa para la energía real necesaria:

$$E = \frac{E_T}{\eta}$$

Donde η es un factor global de rendimiento de la instalación, el cual puede ser determinado en función a la siguiente expresión:

$$\eta = 1 - \left[\frac{k_a \cdot N}{P_d}\right] - k_b - k_i - k_j$$

k_b = Coeficiente de pérdidas por rendimiento de la batería.

k_a = Coeficiente de autodescarga.

k_i = Coeficiente de pérdidas en el inversor, si existe y afecta a toda la red de consumo. En el supuesto de que sólo algunos aparatos utilizasen el inversor, entonces este coeficiente se toma igual a cero, incluyendo en este caso las pérdidas del inversor en el cálculo previo del consumo de los equipos que afecte.

k_j = Coeficiente que agrupa otras pérdidas (rendimiento global de toda la red de consumo, pérdidas por efecto Joule, etc.).

La energía real necesaria E puede ser expresada en función a la energía total teórica ET y las pérdidas debido a los diferentes efectos mencionados.

$$E = E_T + E_b + E_i + E_j + E_a$$

Dividiendo ambos miembros de la ecuación anterior entre E se tiene:

$$1 = \frac{E_T + E_b + E_i + E_j + E_a}{E}$$

Las fracciones de energía no son más que los coeficientes mencionados, de esta forma la expresión anterior puede ser escrita en función a dichos coeficientes y la también en función a la expresión:

$$1 - k_b - k_i - k_j - \frac{E_a}{E} = \frac{E_T}{E} = \eta$$

La energía que se pierde debido a la autodescarga afecta a toda la energía contenida en las baterías, la cual es la energía real necesaria entre la profundidad de descarga, por lo cual la expresión anterior se transforma finalmente en:

$$1 - k_b - k_i - k_j - \frac{k_a \cdot N}{p_d} = \eta$$

Debe mencionarse que la autodescarga ha sido considerada para los días en que el sistema de energía, ya sean paneles fotovoltaicos o un aerogenerador, no produce energía que reciban las baterías. La elección de un valor adecuado de N dependerá del proyectista y deberá hacerse en función a los datos climatológicos con que se cuente, un valor excesivo hará que se sobredimensione el sistema con el consecuente sobrecosto.

Factor: k_b

Indica la fracción de energía que la batería no devuelve con respecto a la absorbida procedente del sistema de generación, es decir, a la que entra a la batería. Dentro de la batería, durante los procesos químicos que tienen lugar, siempre existe una pequeña producción de energía calorífica. Este coeficiente puede tomarse igual a 0,05 para servicios en condiciones que no demanden descargas intensas, como por ejemplo el caso normal de instalaciones de energía solar e igual a 0,1 para otras condiciones más severas como por ejemplo baterías viejas, descargas más fuertes, temperaturas bajas.

Factor: k_a

Representa la fracción de la energía de la batería que se pierde diariamente por autodescarga. El fabricante debe especificar este dato, normalmente para un período de tres, seis o doce meses, bastando dividir el valor especificado por el número de días del período correspondiente. Un valor razonable para este coeficiente, a falta de mayor información, puede ser 0,005 (0,5% diario).

Otras veces se dispondrá del gráfico de la autodescarga, debiendo efectuarse un simple cálculo. Así, por ejemplo, si se observa en un gráfico que, debido a la autodescarga, la capacidad de un determinado modelo de batería se reduce al 75% de la capacidad inicial una vez transcurridos seis meses, se tendrá:

$$(100 - 75)/100 = 0.25 \quad \text{(en seis meses)}$$
$$k_a = 0.25/180 = 1.39 \times 10^{-3} \text{ día}^{-1}$$

Factor: k_i

El rendimiento de los inversores debe ser suministrado por el fabricante y normalmente oscila entre 75% a 95%. A falta de mayor información, puede tomarse para los inversores de onda senoidal = 0,1 ki .

Factor: j_k

Este factor agrupa cualquier otra pérdida no considerada anteriormente. Cada aparato eléctrico desprende algo de energía que se convierte en calor no deseable. Lo mismo sucede en los propios cables de conducción y en las diversas conexiones. Esto hace que la potencia real consumida sea mayor que la calculada a partir de la potencia nominal o teórica que figura en la placa de especificaciones técnicas del aparato. La relación es variable, siendo 0,15 un valor medio razonable para j_k , el cual puede reducirse hasta 0,05 si ya se han tenido en cuenta los rendimientos de cada aparato englobándolos en los datos de consumo.

Capacidad nominal de las baterías C

Primeramente debe determinarse la Capacidad útil *Cu* de las baterías, esto será igual a la energía real E que es necesario producir diariamente multiplicada por el número *N* de días de autonomía, ya que la batería debe ser capaz de acumular toda la energía necesaria para dicho período.

$$C_u = E \cdot N$$

Considerando que *E* se expresa en Julios o en W-h, entonces la capacidad *Cu* también se expresará en las mismas unidades, simplemente de dividir dicha capacidad entre la tensión nominal de la batería (usualmente 12 ó 24V) se obtiene la capacidad en A-h. La Capacidad nominal de las baterías *C* se obtiene de dividir la capacidad útil entre la profundidad máxima de descarga *Pd*.

$$C = \frac{C_u}{p_d}$$

Componentes electrónicos

Los componentes electrónicos principales son el controlador de carga y el inversor, en principio la forma de seleccionarlos es por la sobrecarga que podría presentarse y deben estar en capacidad de soportar. No menos importante será la selección de la carga de apoyo y que debe seguir los mismos criterios de selección.

Controlador de voltaje

El tipo de controlador más sencillo es el regulador tipo Shunt o por derivación, Básicamente es un transistor de circuito sencillo. Si el voltaje límite es alcanzado, la carga se detendrá hasta que el voltaje de la batería haya descendido hasta un cierto límite, o la carga puede continuar a una proporción muy pequeña sólo para compensar la autodescarga. Los modelos más sofisticados también revisan si la batería no se ha descargado demasiado. Esto puede indicarse (por ejemplo con una luz) o la carga puede desconectarse. Los controladores de estado sólido deben preferirse sobre los controladores con conmutadores de relay "antiguos" porque ofrecen mayor confiabilidad.

Inversor

Como se ha mencionado el inversor convierte la corriente continua (CC) a corriente alterna (CA) para su uso en todo tipo de artefactos eléctricos. Es importante considerar la potencia pico, es decir, la máxima potencia que en algún momento va a ser requerida por las cargas para seleccionar el inversor, evidentemente la potencia admisible por el inversor deberá ser superior a dicha carga máxima. Por ejemplo una bomba de agua posee un motor eléctrico, el cual durante el arranque requiere una potencia superior al valor nominal. Otra consideración importante es la expansión futura del sistema o de los requerimientos de energía, esto dependerá también de los costos que el usuario está dispuesto a asumir en el momento de la inversión inicial.

Balastro, carga de apoyo

Cuando la batería está completamente cargada el controlador evita que continúe recibiendo energía, en esta situación el aerogenerador queda en estado de carga de "vacío", si no posee una carga de apoyo que disipe la energía que continua enviando el aerogenerador entonces este estaría en condición de "embalamiento" lo que traería consecuencias peligrosas para el equipo desde el punto de vista estructural. En general la carga de apoyo es una simple resistencia eléctrica que debe soportar un 25% más de corriente que la que el aerogenerador puede suministrar en el pico.

Pérdidas en los cables

Además de la confiabilidad el único criterio para escoger cables es la caída de voltaje. Debido a que los sistemas solares y eólicos a pequeña escala operan típicamente a bajos voltajes (12 ó 24V) los cables grandes se requieren para evitar grandes pérdidas de energía y caídas en el voltaje (si el voltaje cae mucho, los dispositivos no funcionarán más). Incidentalmente, una mala conexión eléctrica en un sistema de bajo voltaje tiene el mismo efecto que el cable que es demasiado delgado: es una resistencia grande. Por tanto es una buena política revisar todas las conexiones meticulosamente. Como regla general, una cantidad razonable de caída de voltaje es del orden de 3 a 5% del correspondiente a la batería. La caída del voltaje se calcula fácilmente con la Ley de Ohm.

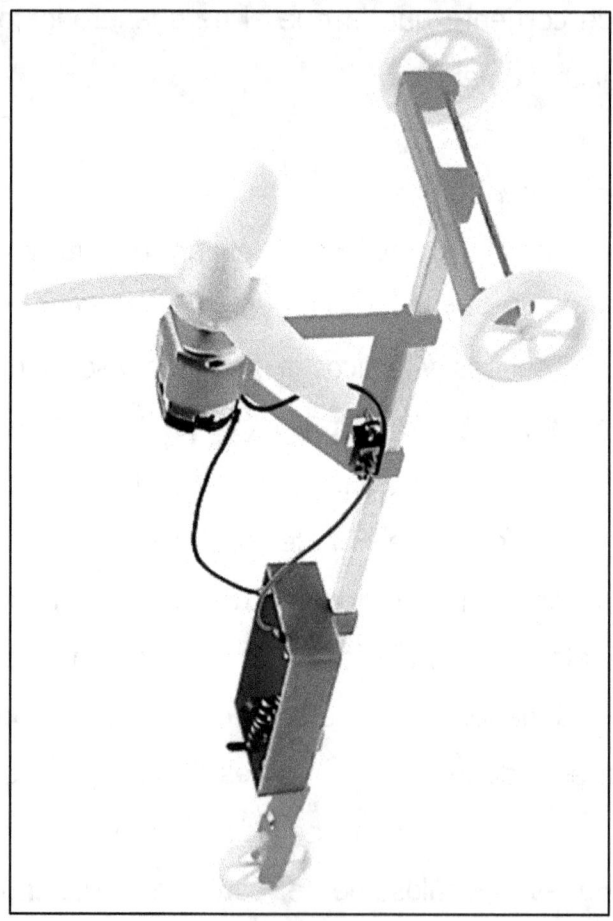

Juguete eólico

SEGURIDAD Y MANTENIMIENTO

La mayor parte de aerogeneradores de pequeña potencia son ofrecidos por los fabricantes con la característica de ser libres de mantenimiento, esto es cierto en gran medida para el generador y sistemas electrónicos, sin embargo algunos sistemas complementarios pueden requerirlo.

Algunos tipos de baterías pueden requerir mantenimiento aunque las de ciclo profundo normalmente no lo requieren.

La torre, dependiendo de la zona de ubicación del equipo, puede ser que este muy expuesta a corrosión por lo que debe ser inspeccionada cada cierto tiempo, algo recomendable es dos veces al año por lo menos, de ser necesario habrá que bajar el aerogenerador y pintar nuevamente la torre para evitar excesiva corrosión.

Normalmente los fabricantes suministran todos los accesorios necesarios para la instalación de la torre, siempre que se compre la torre que él ofrece, sin embargo es necesario construir los anclajes de la misma al terreno.

Otras consideraciones para la seguridad se refieren a la instalación eléctrica, los equipos a instalar como cargas (luces, radio, TV, etc.) deberán contar con fusibles que eviten posibles sobrecargas por una mala conexión. También deberá haber fusibles entre el aerogenerador y las baterías, aunque normalmente los controladores electrónicos suministrados por los fabricantes ya han previsto esta eventualidad.

Los fusibles tienen por finalidad evitar un cortocircuito que podría generar fuego debido al calentamiento de los alambres. Por norma nunca debe reemplazarse un fusible que se ha quemado por un alambre grueso o un fusible de mayor capacidad y también debe averiguarse la causa de que el fusible se haya quemado antes de reemplazarlo.

La carga de apoyo o balastro es básicamente una resistencia que disipa la energía en exceso en forma de calor, es por ello que su instalación debe prever también la disipación de ese calor generado, usualmente estas resistencias deben estar sobre placas de aluminio con aletas y en lugares ventilados de forma que puedan disipar dicho calor al ambiente.

El rotor es un elemento giratorio de gran velocidad, la instalación del aerogenerador debe hacerse de tal forma que personas no autorizadas, sobre todo los niños, no puedan subir por la torre ya que podrían ser golpeados por las aspas.

Si es necesario realizar algún tipo de operación en altura el operario deberá estar provisto de elementos de sujeción adecuados y casco, las personas en tierra también deben llevar un casco ya que algún material o herramienta puede soltarse de forma accidental desde la torre.

Interferencia eléctrica

Los aerogeneradores, como todos los equipos eléctricos, producen radiación electromagnética, que puede interferir en las comunicaciones por radio. Esta interferencia se puede solucionar a través de la instalación de deflectores o repetidores.

Sombra proyectada

Los aerogeneradores, como otras estructuras altas, pueden también crear largas sombras cuando el sol está bajo. El efecto, que es conocido como parpadeo de sombra, ocurre cuando las palas de la turbina eólica emiten una sombra en una ventana de una casa cercana, y el movimiento de rotación de las palas cortan la luz del sol y provocan un parpadeo mientras las palas están en movimiento. Este efecto dura poco tiempo y ocurre sólo en ciertas condiciones específicas combinadas, como los casos en los que el sol brilla y se encuentra en un ángulo bajo (al amanecer o al anochecer) y la turbina está directamente entre el sol y la propiedad afectada y hay suficiente energía en el viento para hacer que las palas de la turbina se muevan. Como regla general, el parpadeo de sombra en un vecindario, oficina y vivienda a menos de 500 metros no debe exceder 30 horas al año ni un máximo de 30 minutos al día7. A distancias superiores a 10 veces el diámetro del rotor de la turbina, la posibilidad de parpadeo es muy baja.

Ruido

Hay dos fuentes de ruido asociadas al funcionamiento de los aerogeneradores: ruido aerodinámico, causado por las palas pasando a través del aire, y ruidos mecánicos, debidos al funcionamiento de elementos mecánicos en la góndola (el generador, la caja de cambios, etc.). El ruido aerodinámico es función de muchos factores que interactúan, incluido el diseño de las palas, la velocidad de rotación, la velocidad del viento y la turbulencia en el flujo de aire. El ruido aerodinámico es generalmente similar a un "silbido".

Mantenimiento

La mayoría de los sistemas de energía eólica que están disponibles necesitan la intervención del dueño durante el funcionamiento. Muchos fabricantes ofrecen servicio de mantenimiento para las turbinas eólicas que ellos instalan. El fabricante debe al menos haber detallado la información acerca de los procedimientos de mantenimiento, y debe estar en condiciones de decirle cuándo debe ser llevado a cabo el mantenimiento. La mayoría de las turbinas pueden funcionar durante largos periodos de tiempo sin localización de defectos ni reparaciones. Se lleva a cabo normalmente un mantenimiento menor sobre una base trimestral o dos veces al año. Anualmente, se requiere un mantenimiento más completo. El mantenimiento puede abarcar desde una simple comprobación del aceite, que más o menos cualquiera puede hacer, hasta subir a la góndola para inspección de engranajes o del dispositivo de orientación de las palas (estas últimas tareas requieren un alto grado de especialización). Al considerar un sistema de energía eólica, asegúrese de que tiene la capacidad técnica necesaria para mantener la instalación.

Cochecito eólico

COSTOS Y BENEFICIOS

Junto con los costes de inversión, se debe llevar a cabo una evaluación económica que incluya los siguientes aspectos:

1. Reducción de los costes anuales de la electricidad como resultado de la producción de la misma por el sistema de energía eólica: debe tener en cuenta expectativas futuras del precio de la electricidad;

2. Posibles programas de apoyo por parte del Gobierno, por ejemplo, subvenciones o incentivos fiscales para fomentar el uso de los sistemas de energía eólica;

3. Costes asociados a la emisión de CO_2 (cero para los sistemas de energía eólica).

Costes de inversión

Si usted ha completado la evaluación en el capítulo 2, debe tener una idea bastante buena de la configuración básica de su sistema. Puede ahora calcular el precio del sistema de energía eólica.

En el año 2008, el precio medio de los sistemas pequeños de energía eólica (de hasta 10 kW) es de aproximadamente 5 euros por Watio (€/W). Para sistemas más grandes este precio disminuye, de tal modo que los parques eólicos que se instalan actualmente apenas rebasan 1€/W 8. Los proveedores pueden también indicar qué piezas de repuesto son importantes para el sistema; por lo tanto, es una buena idea comprar esas piezas de inmediato.

Además, dependiendo del tamaño y de la complejidad, también puede haber otros costes iniciales, tales como:

- Costes por la obtención de datos o asesoramiento eólico
- Transporte del sistema
- Construcción e instalación: los sistemas más grandes pueden necesitar equipos especiales, como una grúa, para montarlos.

Costes de funcionamiento

Los costes anuales más significativos son los de las piezas y la mano de obra necesaria para el mantenimiento del sistema. Sin embargo, dependiendo de su aplicación concreta, también se pueden incluir el arrendamiento de tierras, los impuestos sobre la propiedad y las primas de seguros.

Los costes anuales de funcionamiento y mantenimiento de un aerogenerador pueden estimarse como un porcentaje del coste inicial de capital de los equipos instalados. Valores típicos van entre el 3 y el 10 por ciento del coste inicial de capital por año.

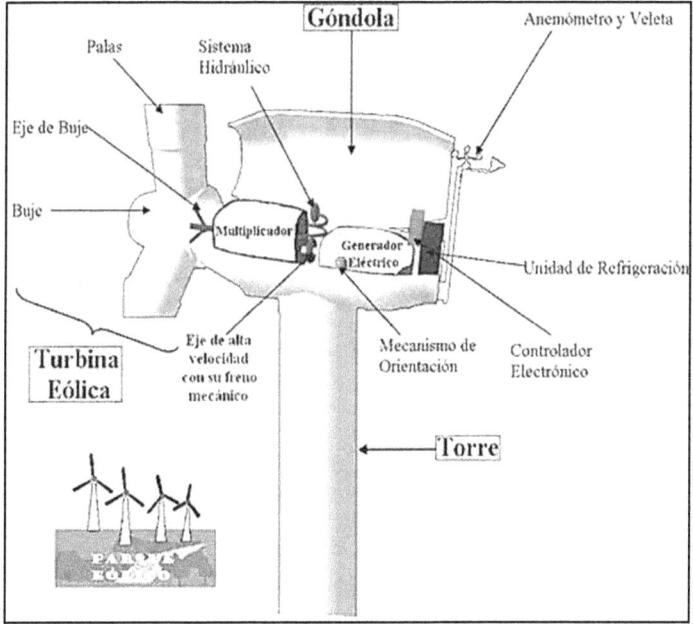

Vista general del aerogenerador

AEROBOMBEO

Sistema de bombeo

La aplicación más común para sistemas de aerobombeo mecánico es la bomba reciprocante aspirante impelente de acción simple.

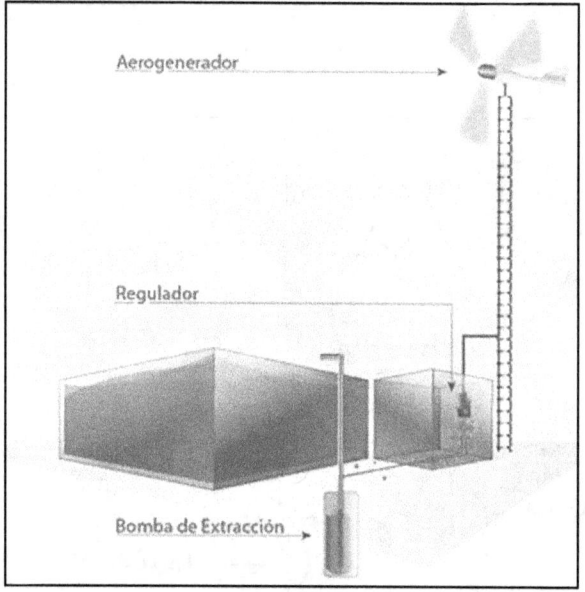

Esquema de la aplicación típica de una aerobomba

Esta bomba generalmente es ofrecida en varios tamaños, dependiendo del tipo de molino y cabeza o altura de bombeo. Aplicaciones típicas de aerobombeo van desde algunos cuantos metros hasta 200 metros de altura neta de bombeo dependiendo de la profundidad del pozo de agua.

La bomba utiliza un movimiento alternante de subida y bajada, movimiento que es suministrado por el sistema de transmisión, el cual generalmente se encuentra en la parte superior de la torre de la aerobomba. El movimiento oscilante es provisto por un sistema de bielas y manivelas que van generalmente acopladas a la caja de reducción de velocidad. Es de anotar que también se pueden emplear aerogeneradores para propulsar electrobombas, en sistemas conocidos como de aerobombeo eléctrico.

Instalación de la bomba

La instalación de una bomba trabajando en succión es simple. La bomba debe tener un buen sitio de apoyo sobre la torre o sobre un cimiento en la base del molino. La tubería de succión no podrá sobrepasar los seis o máximo siete metros ya que de otra forma la bomba no funcionará. La instalación de una bomba de pozo profundo requiere una considerable cantidad de trabajo, dependiendo de la profundidad. La torre del molino de bombeo es normalmente usada como apoyo para el izamiento de la tubería y el vástago. Un primer tramo de tubería y el vástago son ensamblados juntos sobre la bomba y luego se bajan hasta dejar el extremo en la boca del pozo firmemente asegurado. Se agregaran tramos adicionales hasta lograr la profundidad deseada. En las uniones de la tubería algún tipo de material sellante debe ser utilizado. En las uniones del vástago se deberá aplicar grasa. La conexión del vástago a la transmisión se debe hacer con mucho cuidado y exactitud, de tal modo que el pistón no golpee la parte superior o inferior del cilindro durante la carrera de bombeo.

Dependiendo del tipo de instalación se puede requerir una válvula de cheque y/o un sello en el vástago. Nunca se debe colocar una válvula de paso directamente en la línea de salida ya que puede causar serios daños a la bomba o a la transmisión del molino.

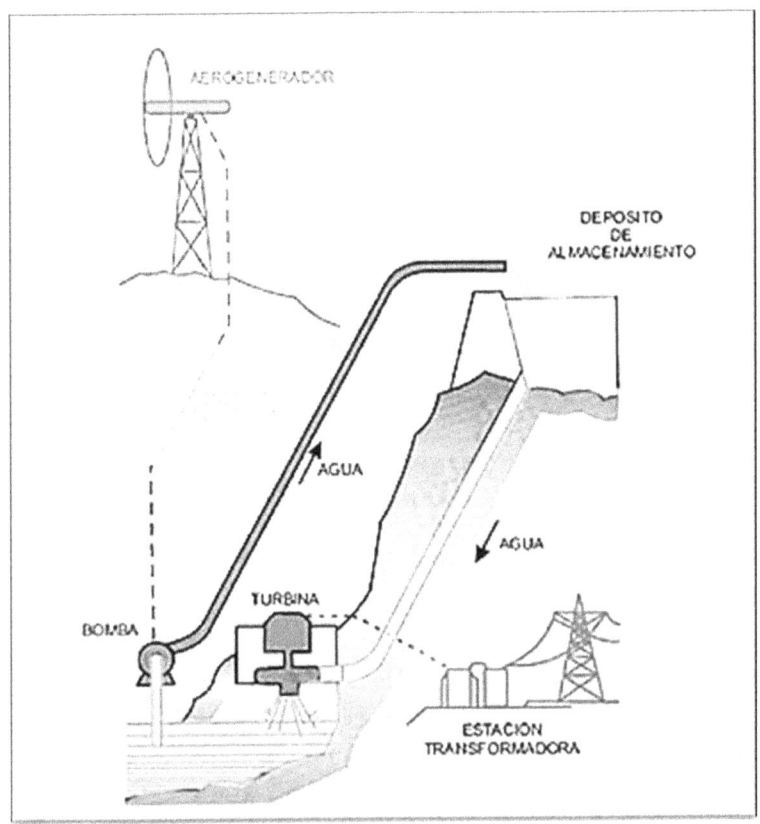

Bombeo eólico para generar electricidad (turbina)

Implementación de pequeños sistemas eólicos

Un elemento esencial para la adecuada utilización de la energía eólica con equipos eólicos consiste en el emplazamiento del equipo. Como se menciona en el capítulo 2 de este documento, es crucial la información empírica recogida por los pobladores de una región en particular, para conocer las zonas donde la intensidad del viento es adecuada para una instalación de este tipo. Se lograran muchos mejores resultados si el emplazamiento del sistema eólico corresponde a un análisis riguroso de información meteorológica del lugar en estudio, para así dimensionar correctamente el equipo comercial que mejor se acomode a una necesidad energética dada, según se describe en el capítulo 3. Vale la pena insistir en la necesidad de seleccionar el lugar de instalación del equipo eólico, en aquel sitio donde se encuentre libre de obstáculos, como edificaciones o árboles de gran altura, ya que de esto depende obtener mejores resultados y una operación optima del sistema.

Adicionalmente, en pequeñas instalaciones eólicas, es además recomendable instalar los equipos cercanos al lugar de consumo, para evitar y/o disminuir perdidas de transmisión de energía.

Una vez seleccionado el equipo, de acuerdo a las necesidades y al régimen de vientos del lugar, se procede a realizar un estudio entre los diferentes tipos de instalación.

Mantenimiento

Cualquier máquina requiere de un mantenimiento adecuado para operar de una manera eficiente y tener la vida útil para la cual fue diseñado.

Un equipo básico de herramientas para hacer el mantenimiento de un molino de viento es el siguiente: plomada e hilo, llave para tubos de hasta 2-1/2 pulgadas, juego de 6 o más llaves fijas, hombre solo, marco para segueta y hojas de segueta, grasera, nivel, alicate, destornilladores, flexómetro.

Una tarea que puede resultar fundamental para el mantenimiento de un molino es la protección contra personas o animales. Algunos equipos utilizan cables anclados como tirantes para la torre. De la adecuada tensión en ellos depende la estabilidad del molino, por lo que puede resultar conveniente tener una área cercada alrededor del mismo. Un mantenimiento simple que puede realizar fácilmente cualquier persona incluye:

- Engrasar o aceitar las partes móviles.
- Ajustar el sello prensa-estopa en caso de que lo tenga.
- Limpiar la estructura, especialmente sí está en un ambiente fuertemente corrosivo.

Un mantenimiento más especializado requiere de personal mecánico calificado. Las tareas que generalmente debe realizar son:

- Cambiar el aceite de la caja de cambios, típicamente cada año.
- Inspeccionar los tornillos y su ajuste, también cada año, aunque es preferible hacerlo en un lapso más corto cuando está recién instalado.
- Reparación de vástagos rotos o de los pasadores de seguridad que tienen algunos molinos para evitar que las sobrecargas lleguen a afectar la transmisión.
- Reemplazar los sellos de cuero. Los sellos tienen una duración variable, dependiendo de la calidad del agua básicamente. Algunos necesitan ser reemplazados cada seis meses y otros cada dos años. Un examen cada seis meses, luego de instalado permitirá descubrir el tiempo de vida de los sellos y con esto programar el mantenimiento.
- Puede ser necesario limpiar y pintar la torre cada uno o dos años de acuerdo al medio ambiente.

- Después de 5 a 10 años es necesario hacer un diagnóstico completo del estado del molino, en especial de las partes en desgaste como rodamientos, etc.
- Si el molino está ubicado en una zona con tormentas se debe considerar como mantenimiento del molino él desorientarlo antes de que estas ocurran para evitar daños.
- Si el pozo es excavado a mano es conveniente mantenerlo tapado para evitar su contaminación y evitar accidentes.
- En el caso de la aerogeneración, se debe tener especial cuidado con las baterías. Debe evitarse las descargas profundas por encima del 80% de descarga y las sobrecargas ya que de esta manera se acorta la vida útil de la batería. Debe cuidarse que el electrolito este por lo menos un centímetro por encima de las placas de la batería. Si es necesario se completará este nivel con agua destilada exclusivamente en las que fuera posible. El nivel del electrolito se debe revisar cada 15 días por lo menos. Se debe conservar las baterías en un sitio limpio y sobre todo seco, se debe llevar a flotación todo

el banco por lo menos una vez al mes con el fin de nivelar los voltajes de la batería, proteja las terminales.

- De particular cuidado en la instalación de aerogeneradores es la adecuada instalación de polo a tierra, para evitar danos a consecuencias de descargas eléctricas y prevenir la destrucción de los elementos eléctricos y electrónicos asociados al sistema, probablemente necesite un sistema de pararrayos.
- Similarmente, se deberá realizar una rigurosa inspección a las líneas de transmisión, particularmente la instalación y el deterioro paulatino de los cables eléctricos, los cuales deberán ser reemplazados en caso de que este se presente. Limpieza de las escobillas y contactos eléctricos de la turbina.
- Revise simetría del rotor (aspas iguales).

EL FUTURO DE LA ENERGÍA EÓLICA

Parques eólicos marinos (offshore)

La utilización de mayores aerogeneradores, cimentaciones más baratas y las condiciones del viento en los emplazamientos marinos están aumentando la confianza de las compañías eléctricas, gobiernos y fabricantes de aerogeneradores en relación a estos parques. Ya se ha demostrado la rentabilidad de los parques eólicos terrestres, pero la energía eólica está cruzando una nueva frontera, la frontera marcada por el mar. Los costes futuros de generación serán de 4-5 $ / kWh, lo que hará que la energía eólica en el mar junto con otras fuentes de energía, sea altamente competitiva.

En Dinamarca se han desarrollado dos proyectos piloto durante los últimos años, utilizando aerogeneradores convencionales: Vindeby, en 1991 y Tunoe Knob en 1995.

Otros dos proyectos se han desarrollado en las poco profundas aguas de Ijselmeer, próximos a las costas de Holanda. El último proyecto consiste en 19 aerogeneradores de 600 kW, completado en 1996.

Otros 5 aerogeneradores de 600 kW se instalaron al final de 1997 en el sur de Gotland, en Suecia.

Hay que destacar que todos los proyectos anteriores son proyectos piloto. Los futuros proyectos serán mucho mayores.

Proyección de instalaciones marinas a futuro

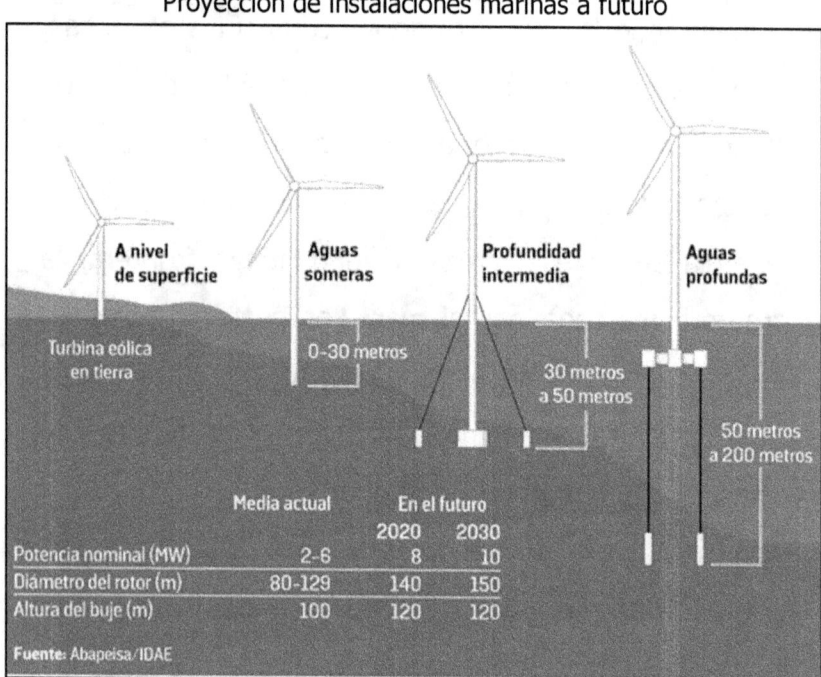

Ventajas de los emplazamientos marinos

Ausencia de emplazamientos terrestres. Los emplazamientos terrestres comienzan a verse muy ocupados por parques eólicos, y la escasez de terreno es un problema inevitable, sobre todo en países con elevadas densidades de población, como Holanda o Dinamarca.

Mayores velocidades de viento

Las velocidades de viento en el mar son sustancialmente más elevadas que en tierra firme, en terreno plano. La diferencia se estima en torno al 20 %. Teniendo en cuenta que la energía del viento depende del cubo de la velocidad, el aumento en la producción energética ronda el 80%.

Las aeroturbinas más optimizadas desde el punto de vista económico, probablemente produzcan un 50% más energía en el mar que en tierra. Sin embargo, las diferencias en velocidades de viento no son tan radicales en otros países, como puede ser el caso de Gran Bretaña y España, donde los emplazamientos en colinas y lomas proporcionan mayores velocidades medias que los emplazamientos marinos. En España, otro factor a considerar es la escasez de plataforma continental, así como la explotación turística de todo el litoral.

Mayor estabilidad de viento

Es un error frecuente considerar que la energía eólica requiere vientos muy estables. En la mayoría de los emplazamientos distribuidos a lo largo del mundo, el viento varía frecuentemente, con vientos fuertes poco frecuentes y bajos vientos la mayor parte del tiempo.

Si observamos la distribución estadística de vientos, la mayor parte de la energía se produce a velocidades próximas al doble de la velocidad media del emplazamiento.

Además, también se observa una correlación entre el pico de consumo con el pico de velocidades de viento (más viento durante el día que durante la noche, y más viento en invierno que en verano).

Por tanto, podemos considerar que es una ventaja tener una generación eléctrica lo más estable posible. En el mar, los periodos de calma son relativamente extraños, y cuando ocurren son muy cortos. Por tanto, el factor de capacidad de generación eléctrica en el mar es superior que en tierra firme.

Detalle del emplazamiento marino de aerogeneradores

Mayor recurso eólico

Los recursos eólicos en los mares de la Unión Europea son enormes. Los recursos eólicos presentes en mares de profundidades hasta 50 m son notablemente mayores que el consumo eléctrico total.

No obstante, el recurso eólico en los mares no está distribuido regularmente. En el caso de Dinamarca, la energía eólica marina podría proporcionar más de 10 veces el consumo total de energía del país, debido a la abundancia de emplazamientos con profundidades entre 5 y 15 m.-

Menor rugosidad superficial: Aeroturbinas más baratas
Otro argumento a favor de esta energía es la menor rugosidad del agua, que hace que la velocidad prácticamente no varíe verticalmente. Esto permitirá

el empleo de torres mucho menores, con la consiguiente reducción de costes.

Menor turbulencia: Mayor vida de la turbina

La diferencia de temperaturas entre la superficie marina y la del aire circundante es mucho menor que la diferencia presente en tierra, sobre todo, durante el día Esto implica una menor turbulencia que en tierra, y por tanto, un menor nivel de fatiga mecánica, que se manifiesta en una mayor duración de los componentes. Dicha duración podría estimarse en torno a los 25-30 años, mientras que en tierra la duración sería de 20 años.

Detalle cableado en parques eólicos marinos

Costes de los parques eólicos marinos

La primera consideración que puede hacerse en este terreno es que mientras que el coste de los aerogeneradores por kW de potencia instalada y los costes de instalación por kW instalado en tierra han ido cayendo durante los últimos 20 años, los costes de instalación en el mar han permanecido más o menos estables. Las cimentaciones y la conexión a la red se realizan a un coste moderado de menos de 60000 ECU por aerogenerador. Las cimentaciones suponen el 6% del proyecto, mientras que la conexión a la red implica el 3 %.

En los proyectos marinos, las cimentaciones y la conexión a red suponen un aumento importante en los costes. Las cimentaciones suponen en torno al 23 % del proyecto y la conexión a red, el 14 %.

Economías de escala

El efecto de las economías de escala podemos verlo en dos dimensiones: tamaño de máquina y número de unidades por parque.

Tamaño de los aerogeneradores

Las olas y en algunos lugares, los icebergs son los principales factores que afectan a la resistencia estructural y el peso de las cimentaciones. Consecuentemente, es más rentable desde el punto de vista económico utilizar mayores aerogeneradores, ya que el tamaño y coste de las cimentaciones no aumenta en proporción al tamaño del aerogenerador.

Otro factor importante es la conexión a la red. Evidentemente es más económico conectar unas pocas aeroturbinas que no un gran número de ellas.

Las grandes máquinas también permiten ahorrar dinero en mantenimiento, ya que el mantenimiento de las mismas ha de hacerse en barco, lo que encarece el mismo. Actualmente en el mercado se encuentran disponibles aerogeneradores del orden del MW de potencia. De hecho, estos diseños se realizaron pensando en los emplazamientos marinos. El problema del aumento del tamaño es el transporte hasta el emplazamiento.

Aerogenerador marino

Tamaño de los parques

El tamaño óptimo de los parques desde el punto de vista económico en el mar es mayor que en tierra. Los costes de instalar un cable marino de 150 MW no difiere mucho del de instalar un cable de 10 MW. Hoy en día, el tamaño óptimo de los parque suele encontrarse entre 120 y 150 MW. El límite superior viene marcado por el número de emplazamientos que pueden acondicionarse durante la temporada, utilizando barcos -grúa, y un número limitado de barcos y otros elementos.

Nuevas tecnologías de cimentación

El factor más influyente en cuanto a los costes en los parques eólicos marinos es el coste de las cimentaciones. La utilización de cimentaciones de acero en lugar de hormigón parece que puede disminuir los costes de cimentaciones hasta en un 35%. Mientras que las plataformas de hormigón tienden a ser prohibitivamente pesadas y caras para instalarlas en profundidades mayores de 10 m, parece que el resto de tecnologías son rentables económicamente por lo menos hasta los 15 metros de profundidad, y posiblemente, en profundidades mayores. En todo caso, el coste marginal de situar las torres en emplazamientos más profundos es poco importante. La protección frente a la corrosión de las cimentaciones de acero puede realizarse eléctricamente, utilizando la protección catódica, sin que sea necesaria la intervención humana una vez que ha sido instalada.

Cimentaciones por gravedad

Las cimentaciones de los parques eólicos marinos daneses se construyen en tierra con hormigón armado, y luego son transportadas al emplazamiento marino donde se rellenan con grava y arena.

Estas cimentaciones se llaman cimentaciones por gravedad.

Una de las nuevas tecnologías ofrece un método similar, pero usando un tubo cilíndrico de acero sobre una base lisa de acero que se coloca en el fondo del mar. Esta cimentación es más ligera, y permite el transporte en barco de varias cimentaciones, así como el uso de la misma grúa que la que se emplea en el montaje de los aerogeneradores.

Estas construcciones se rellenan con un mineral pesado que proporciona el suficiente peso como para soportar las olas marinas y las tensiones generadas por el hielo.

Cimentaciones monopila

Consiste en extender la torre, taladrando el fondo marino e insertando la torre en el lecho marino.

Reutilización de las cimentaciones

Mientras que las cimentaciones se construyen para soportar vidas de hasta 50 años, los aerogeneradores se diseñan para 20 años de duración, o como mucho, podemos extender su duración hasta los 25 años. Es decir, una misma cimentación puede albergar dos generaciones de aerogeneradores. Si se puede lograr esto, los costes de generación eléctrica disminuyen hasta en un 25-33%.

Modificaciones en el diseño de las aeroturbinas para parques marinos

Los aerogeneradores empleados en parques marinos son máquinas estándar entre 450 y 600 kW, con algún sistema adicional de protección frente a la corrosión. No obstante, poco a poco van apareciendo algunas modificaciones. En algunos emplazamientos, se colocan grúas en cada aerogenerador para facilitar la sustitución de algunos componentes importantes, como pueden ser las palas o el generador, sin necesidad de utilizar grúas flotantes, que encarecen la operación. Otras modificaciones llevan a aumentar la velocidad de rotación, lo que aumenta la efectividad de las turbinas en un 5 ó 6 %. La mayor velocidad de rotación siempre implica un mayor nivel de ruidos, aunque en este caso no supone un problema ya que el nivel sonoro en la costa es inferior a 3 dB (A). Finalmente, las turbinas se pintan de color gris claro estándar de la OTAN, color utilizado como camuflaje. Las palas se pintan exactamente del mismo color. El resultado es que una pequeña neblina hace desaparecer completamente los aerogeneradores cuando se observan desde la costa.

Operación del parque eólico

El control remoto y la vigilancia a distancia de los parque son primordiales en este tipo de instalaciones, mucho más que en los parques terrestres. En las máquinas del orden del MW de potencia, la utilización de sensores de vibración son muy útiles cuando se trata de conservar la integridad física de la máquina.

Teniendo en cuenta que las malas condiciones meteorológicas dificultan enormemente el acercamiento del personal a la torre para labores de mantenimiento, hay que garantizar un factor de disponibilidad lo más elevado posible, en torno al 99%. Los programas de mantenimiento preventivo son vitales para optimizar el funcionamiento de estos parques.

Impacto medioambiental

Vida animal. Los proyectos de parques eólicos marinos en Dinamarca han sido estudiados a fondo por los responsables medioambientales. En Vindeby se realizó una investigación sobre la colonia de peces antes y después de la instalación. El resultado fue un incremento en el número de especies, atribuible a que las cimentaciones de los aerogeneradores eran utilizadas por los peces como arrecifes. Los mejillones se desarrollaron en las cimentaciones de los aerogeneradores y en general, la flora y la fauna del área mejoró en variedad con la instalación de las torres. En Tunoe Knob se realizó un extenso programa de estudio durante 3 años de los efectos del parque sobre la población de patos. Se colocó una pequeña plataforma con alimento para los patos, a una distancia aproximada de 1 km del parque. Se realizaron diferentes observaciones desde la torre, contando el número de individuos y estudiando el comportamiento en vuelo. Se realizó un estudio similar en un área sin aerogeneradores.

El resultado mostró que la presencia de pájaros está correlacionada con la presencia de comida, pero el parque eólico no influyó ningún efecto sobre su comportamiento.

Emisión de CO_2

Los aerogeneradores no emiten CO_2, Nox o Sox durante su funcionamiento, y se requiere muy poca energía para su fabricación, mantenimiento y desguace de un parque. De hecho, un aerogenerador produce en tan sólo 3 meses la energía que ha sido necesaria para su fabricación. En 20 años de vida útil de la planta, esto significa una eficiencia térmica del 8000%, comparada con el 45% de una planta convencional de producción de energía.

La instalación de parques eólicos marinos abre las fronteras de nuevos retos tecnológicos. El futuro se dirige hacia máquinas de mayor producción, hacia la reducción de costes de instalación, y hacia la mejora de la vigilancia y el mantenimiento.

Para ver la evolución futura bastará con mirar nuestros mares dentro de pocos años.

La monitorización de un parque se puede realizar de varias formas. Dependiendo de la distancia entre los aerogeneradores y el tipo de tecnología utilizada para la comunicación, éstos se pueden conectar individualmente al ordenador del parque o conectarse todos a un bus de comunicaciones. La comunicación entre las turbinas se puede realizar mediante cableado (lo más habitual) o mediante radio (si el coste del cableado es muy elevado –como en el mar- o los aerogeneradores están muy dispersos). Además del aspecto económico y de seguridad, la escalabilidad debe tenerse en cuenta a la hora de la elección –para poder incluir futuras mejoras o añadir más aerogeneradores–.

ESQUEMAS EÓLICOS

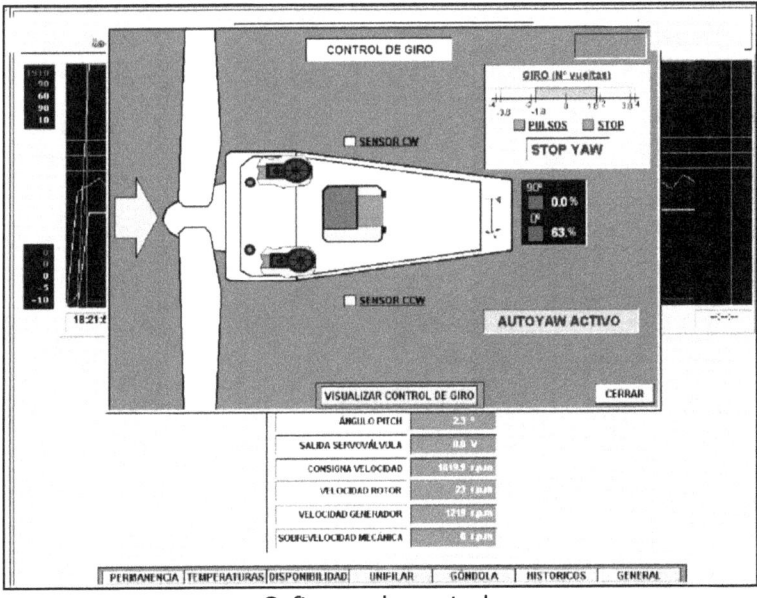

Software de control

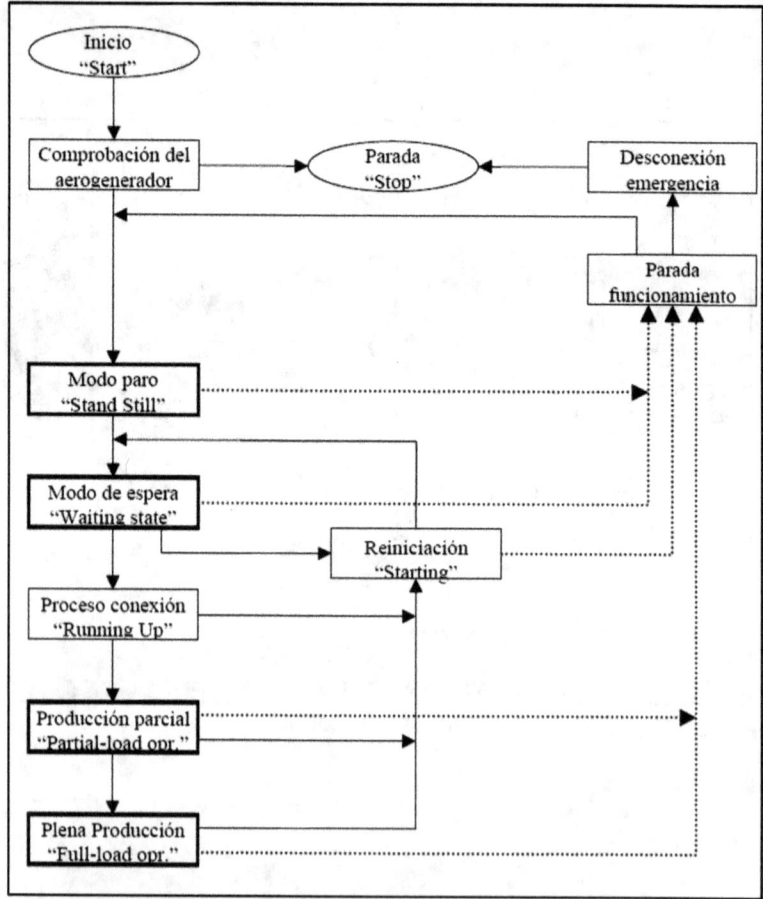

Estructura del sistema de control de un aerogenerador

- GENERADOR TRIFÁSICO ASINCRONO CON ROTOR BOBINADO. MODELO VESTAS V42

- POTENCIA NOMINAL 600kW

- TENSIÓN NOMINAL 690V

- INTENSIDAD A PLENA CARGA 571A

- DIAMETRO DEL ROTOR 42 m

- VELOCIDAD DEL EJE DEL ROTOR 30 r.p.m

- VELOCIDAD DE SINCRONISMO 1500 r.p.m.

- VELOCIDAD NOMINAL 1575 r.p.m.

- TRANSFORMADOR 20/0.69 kV. MODELO ABB.

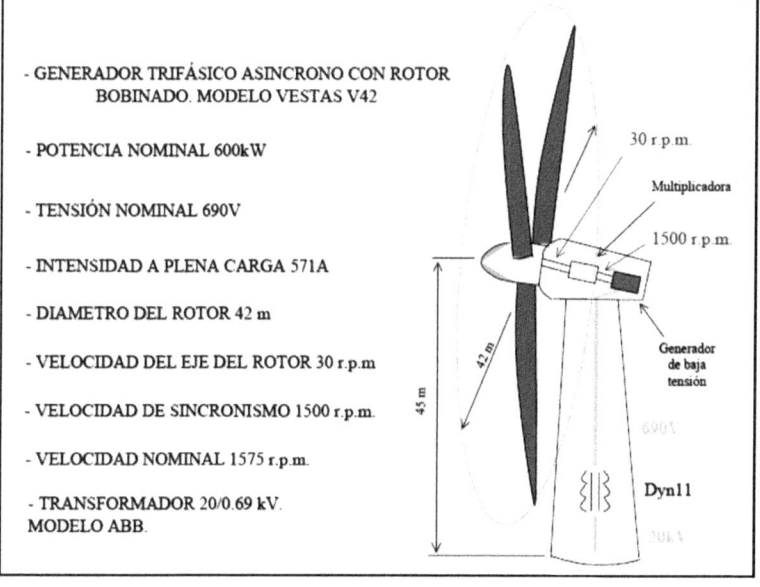

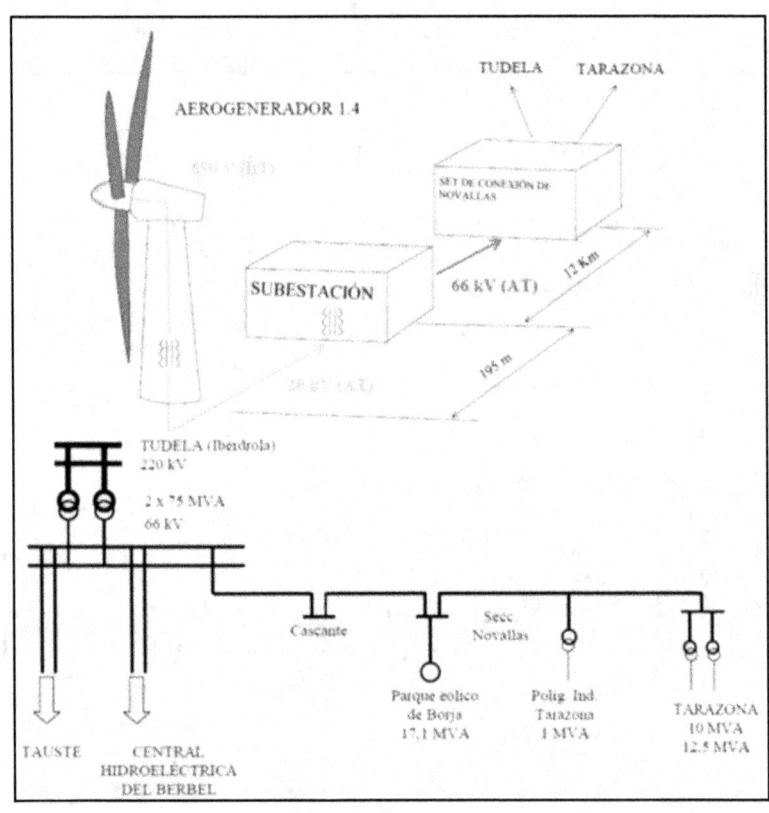

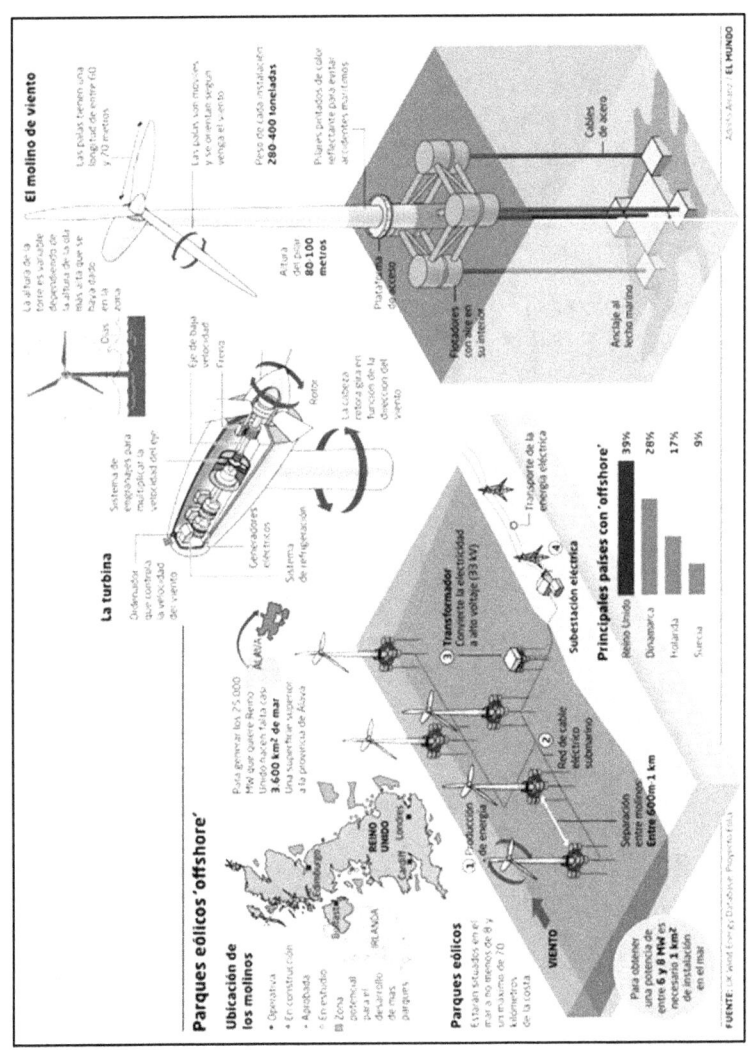

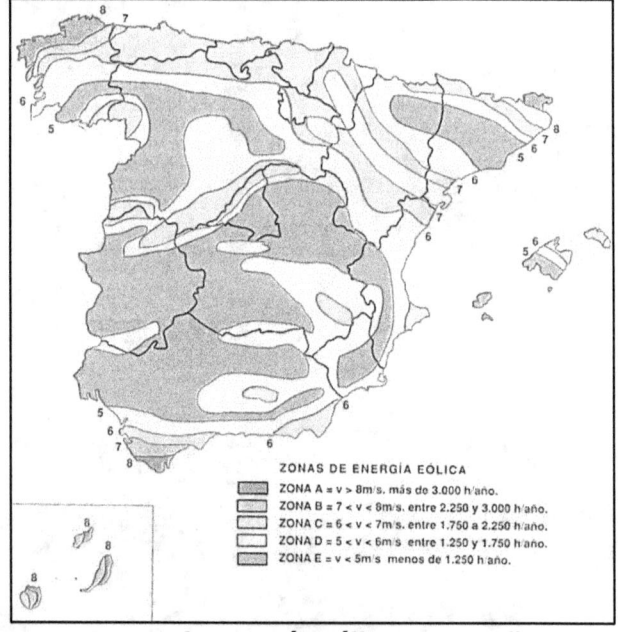

Zonas de energía eólica en España

Manual de Energía Eólica — Funcionamiento, dimensionado y costes

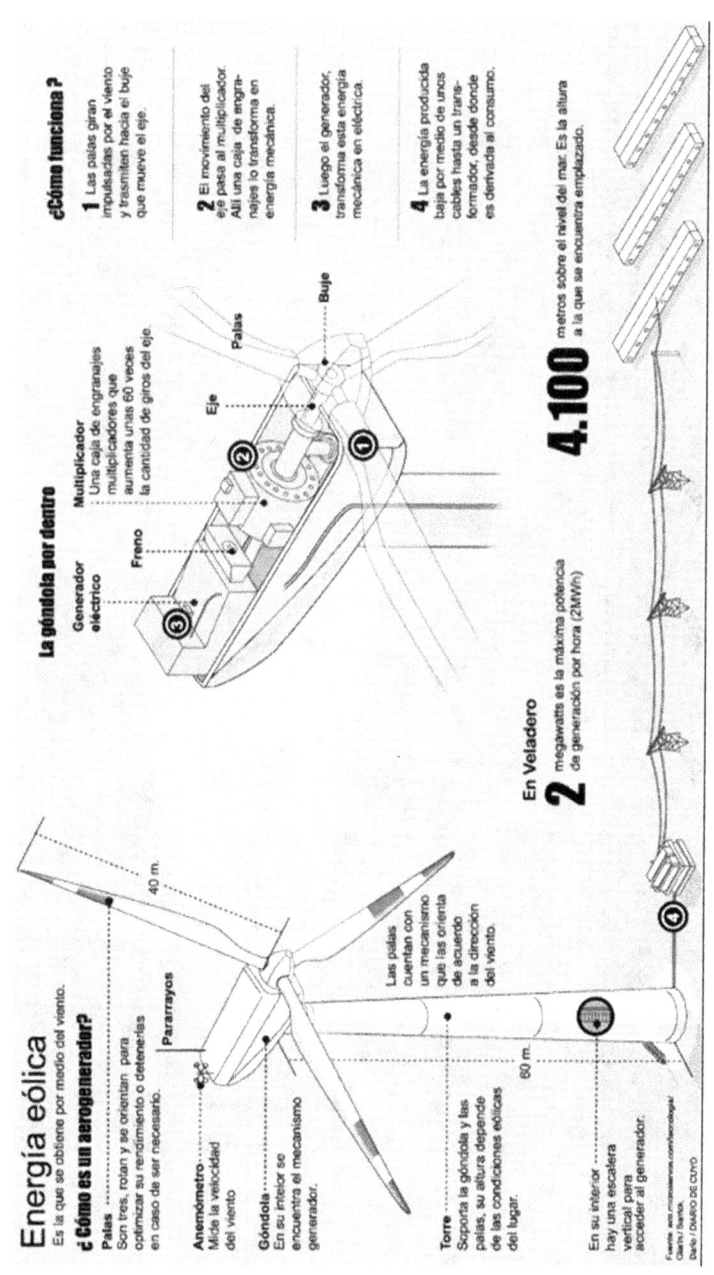

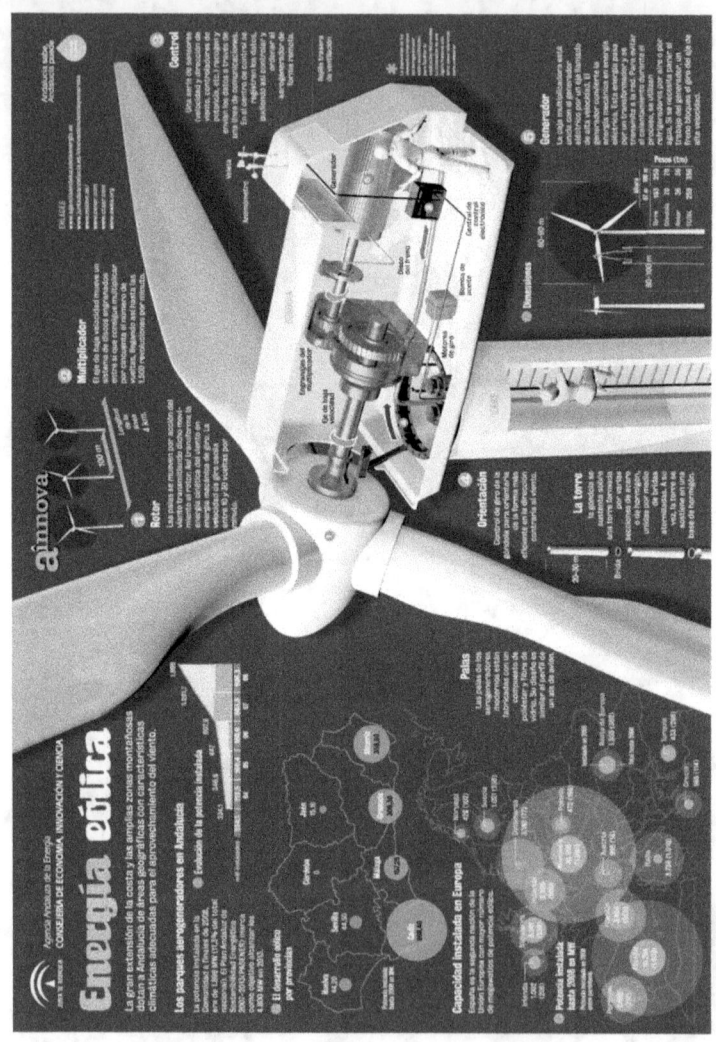

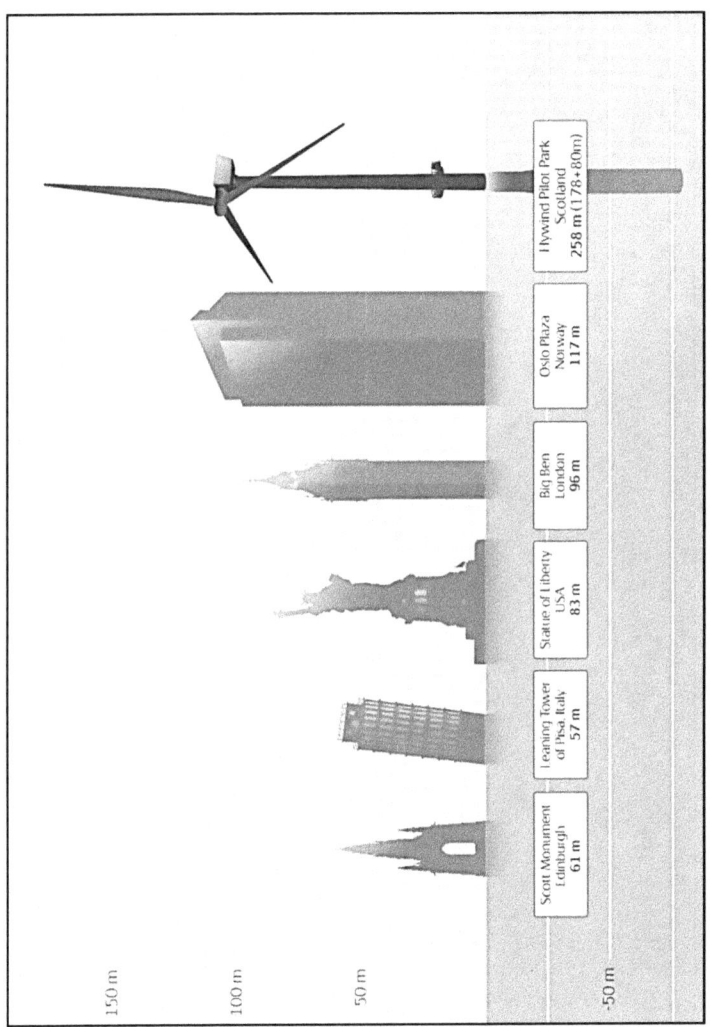

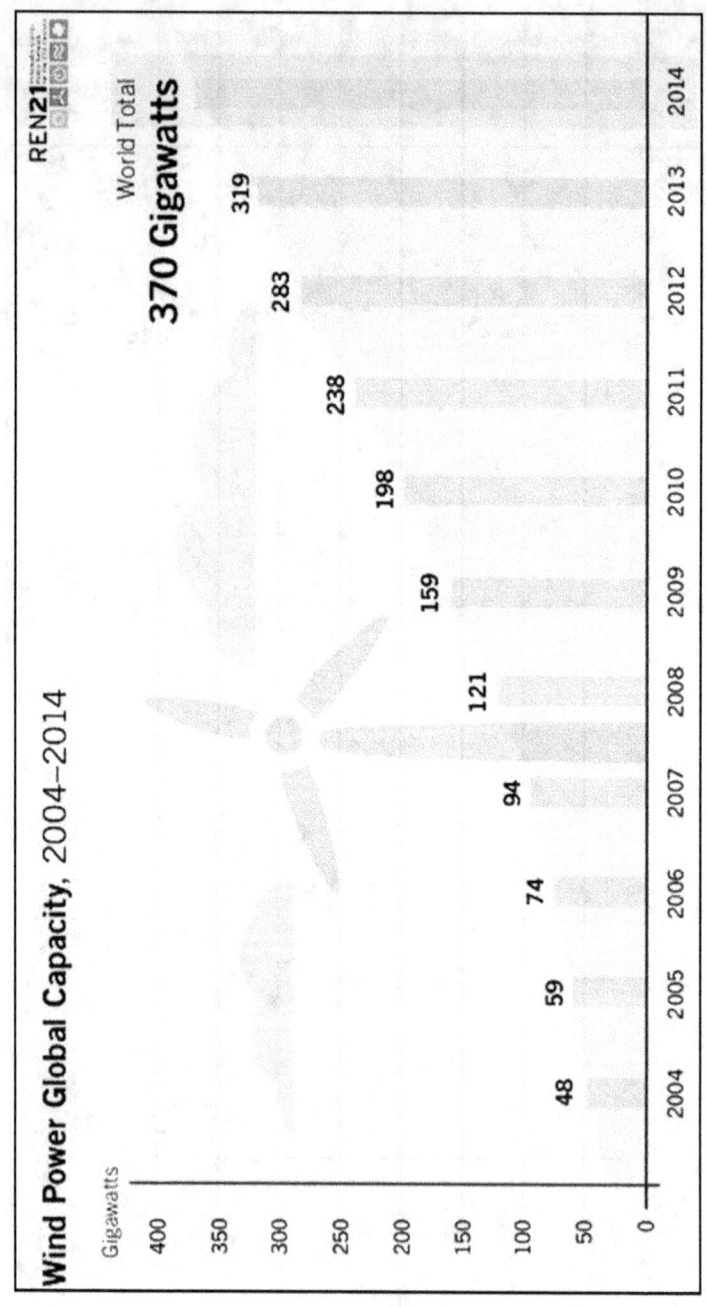

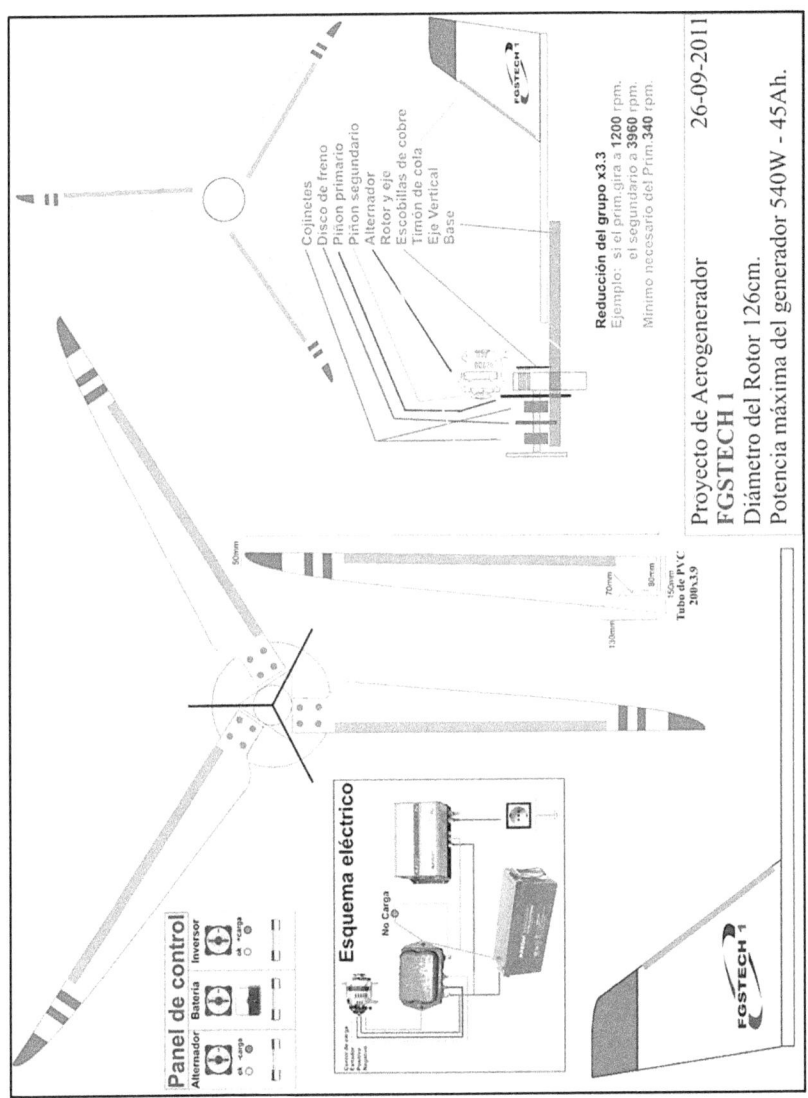

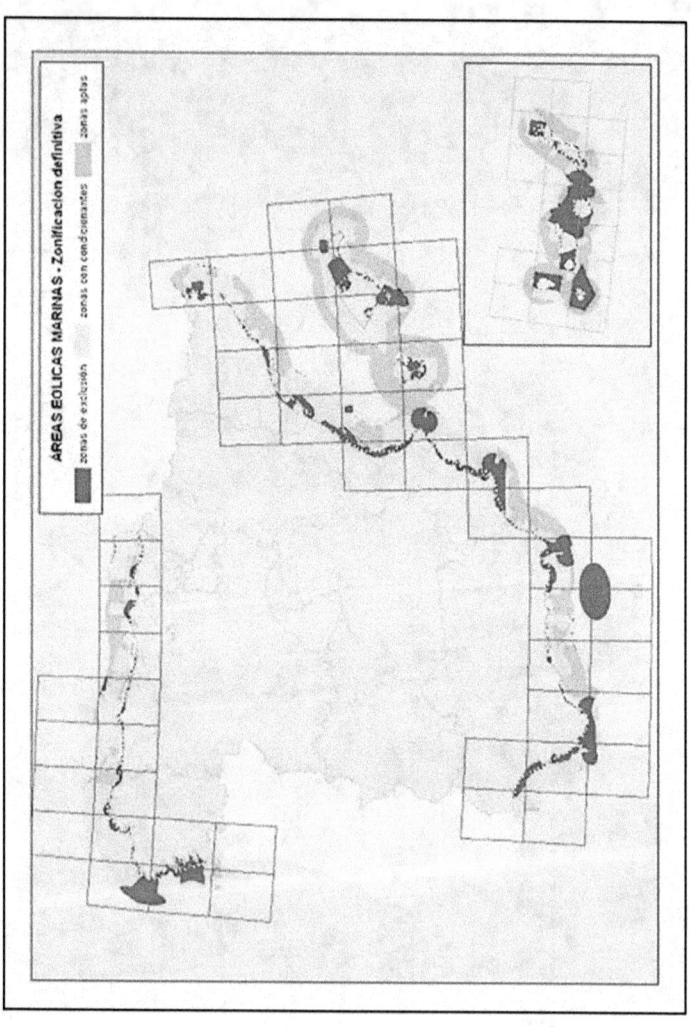

UNIDADES Y FACTORES DE CONVERSIÓN

Abreviaturas de las unidades

m = metro = 3,28 pies

s = segundo

h = hora

W = vatio

CV= caballo de vapor

J = julio

Cal = caloría

Tep = tonelada equivalente de petróleo

Hz= hercio (ciclos por segundo)

10-12 = p pico = 1/1000.000.000.000

10-9 = n nano = 1/1000.000.000

10-6 = µ micro = 1/1000.000

10-3 = m mili = 1/1000

103 = k kilo = 1.000 = millares

106 = M mega = 1.000.000 = millones

109 = G giga = 1,000.000.000

1012 = T tera = 1.000.000.000.000

1015 = P peta = 1.000.000.000.000.000

Velocidades del viento

1 m/s = 3,6 km/h = 2,187 millas/h = 1,944 nudos

1 nudo = 1 milla náutica/h = 0,5144 m/s = 1,852 km/h = 1,125 millas/h.

Escala de velocidades de viento

Velocidades de viento a 10 m de altura		Escala Beaufort (anticuada)	Viento
m/s	nudos		
0,0-0,4	0,0-0,9	0	Calma
0,4-1,8	0,9-3,5	1	Ligero
1,8-3,6	3,5-7,0	2	Ligero
3,6-5,8	7-11	3	
5,8-8,5	11-17	4	Moderado
8,5-11	17-22	5	Fresco
11-14	22-28	6	Fuerte
14-17	28-34	7	Fuerte
17-21	34-41	8	Temporal
21-25	41-48	9	Temporal
25-29	48-56	10	Fuerte temporal
29-34	56-65	11	Fuerte temporal
>34	>65	12	Hurracán

Tabla de clases y de longitudes de rugosidad

Clase de rugosidad	Long. de rugosidad (m)	Índice de energía (%)	Tipo de paisaje
0	0,0002	100	Superficie del agua
0,5	0,0024	73	Terreno completamente abierto con una superficie lisa, p.ej., pistas de hormigón en los aeropuertos, césped cortado, etc.
1	0,03	52	Área agrícola abierta sin cercados ni setos y con edificios muy dispersos. Sólo colinas suavemente redondeadas
1,5	0,055	45	Terreno agrícola con algunas casas y setos resguardantes de 8 metros de altura con una distancia aproximada de 1250 m.
2	0,1	39	Terreno agrícola con algunas casas y setos resguardantes de 8 metros de altura con una distancia aproximada de 500 m.
2,5	0,2	31	Terreno agrícola con muchas casas, arbustos y plantas, o setos resguardantes de 8 metros de altura con una distancia aproximada de 250 m.
3	0,4	24	Pueblos, ciudades pequeñas, terreno agrícola, con muchos o altos setos resguardantes, bosques y terreno accidentado y muy desigual
3,5	0,8	18	Ciudades más grandes con edificios altos
4	1,6	13	Ciudades muy grandes con edificios altos y rascacielos

Densidad del aire a presión atmosférica estándar

Temperatura ° Celsius	Temperatura ° Farenheit	Densidad de aire seco (kg/m^3)	Contenido de agua máx.(kg/m^3)
-25	-13	1,423	
-20	-4	1,395	
-15	5	1,368	
-10	14	1,342	
-5	23	1,317	
0	32	1,292	0,005
5	41	1,269	0,007
10	50	1,247	0,009
15	59	1,225 *)	0,013
20	68	1,204	0,017
25	77	1,184	0,023
30	86	1,165	0,030
35	95	1,146	0,039
40	104	1,127	0,051

*) La densidad del aire seco a la presión atmosférica estándar al nivel del mar a 15° C se utiliza como estándar en la industria eólica.

Potencia del viento **)

m/s	W/m²	m/s	W/m²	m/s	W/m²
0	0	8	314	16	2509
1	1	9	447	17	3009
2	5	10	613	18	3572
3	17	11	815	19	4201
4	39	12	1058	20	4900
5	77	13	1346	21	5672
6	132	14	1681	22	6522
7	210	15	2067	23	7452

**) Para una densidad del aire de 1.225 kg/m³, correspondiente al aire seco a la presión atmosférica estándar al nivel del mar y a 15° C.
La fórmula para la potencia por m² en W es $0{,}5 * 1{,}225 * v^3$, donde v es la velocidad del viento en m/s.
Aviso: Aunque la potencia del viento a una velocidad de , p.ej., 7 m/s es 210 W/m², deberá observar que la potencia del viento en un emplazamiento con una velocidad del viento media de 7 m/s suele ser el doble.

Unidades de energía

1 J (julio) = 1 Ws = 4.1868 cal

1 GJ (gigajulio) = 10⁹ J

1 TJ (terajulio) = 10¹² J

1 PJ (petajulio) = 10¹⁵ J

1 (kilovatio-hora) kWh = 3.600.000 Julios

1 tep (tonelada equivalente de petróleo)

= 7,4 barriles de crudo en energía primaria

= 7,8 barriles de consumo final total

= 1270 m³ de gas natural

= 2,3 toneladas métricas de carbón

1 Mtep (millones de toneladas equivalentes de petróleo) = 41,868 PJ

Unidades de potencia

1 kW = 1.359 CV (HP)

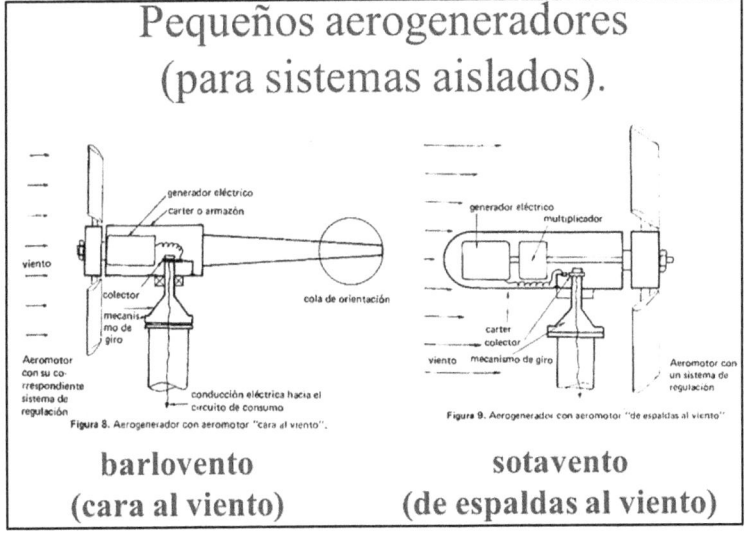

Pequeños aerogeneradores (para sistemas aislados).

barlovento (cara al viento)

sotavento (de espaldas al viento)

Sistema híbrido Eólico – Fotovoltaico

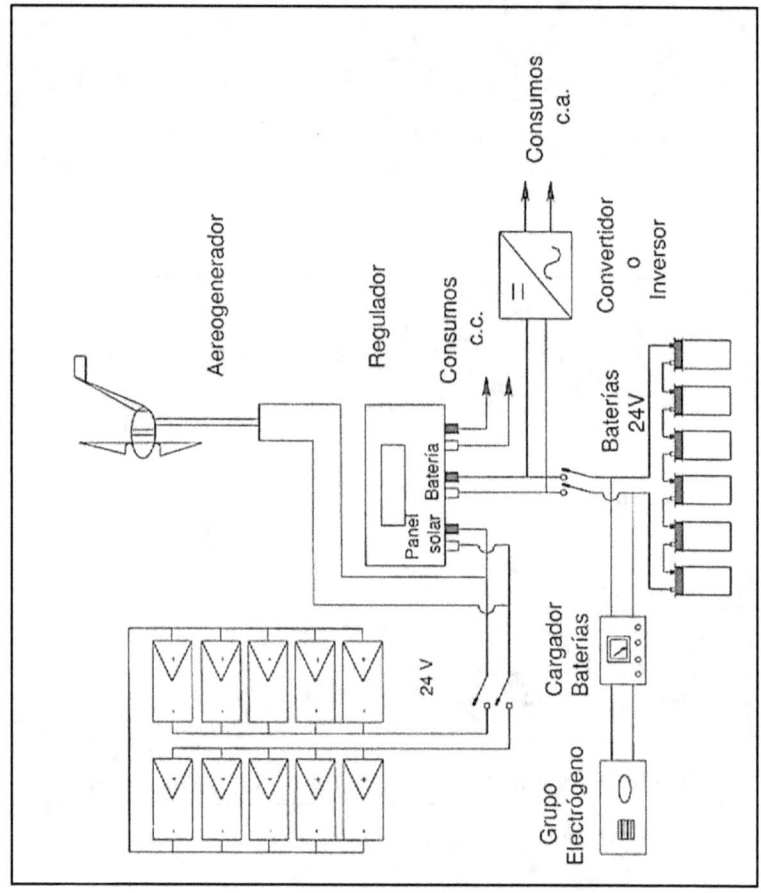

26 PREGUNTAS SOBRE ENERGÍA EÓLICA

▶ *¿Hacen ruido los aerogeneradores?*

Los grandes aerogeneradores modernos se han hecho muy silenciosos. A distancias superiores a 200 metros, el sonido silbante de las palas se ve completamente enmascarado por el ruido que produce el viento en las hojas de los árboles o de los arbustos.

Existen dos fuentes potenciales de ruido en un aerogenerador: El ruido mecánico, del multiplicador o del generador, y el ruido aerodinámico, de las palas del rotor. El ruido mecánico prácticamente ha desaparecido en los modernos aerogeneradores. Esto es debido a una mejor ingeniería, más preocupada por evitar las vibraciones. Otras mejoras técnicas incluyen juntas y uniones elásticamente amortiguadas en los principales componentes de la góndola, y en cierta medida un aislamiento acústico. Finalmente, los mismos componentes básicos, incluyendo los multiplicadores, han experimentado un desarrollo considerable a lo largo de los años. Los multiplicadores de los modernos aerogeneradores utilizan engranajes "suaves", es decir, ruedas dentadas con superficies endurecidas e interiores relativamente elásticos. Lea más en la página de la visita guiada sobre diseño para un bajo ruido mecánico. El ruido aerodinámico, es decir, el sonido "silbante" de las palas del rotor al pasar por la torre, se produce principalmente en las puntas y en la parte posterior de las palas. A mayor velocidad de giro, mayor es el sonido producido. El ruido aerodinámico ha disminuido drásticamente en los últimos diez años, debido a un mejor diseño de las palas (particularmente en las puntas de pala y en las caras posteriores). Lea más en la página sobre diseño para un bajo ruido aerodinámico de la visita guiada. Los tonos puros pueden resultar muy molestos para el oyente, mientras que el "ruido blanco" casi no se nota. Los fabricantes de palas ponen toda su atención en asegurar una superficie suave, importante para evitar los tonos puros. Así pues, los fabricantes encargados de instalar las turbinas eólicas toman precauciones para asegurar que las palas no se verán dañadas durante la instalación de la turbina.

▶ *¿Ahorran energía las turbinas?*

¿Puede un aerogenerador recuperar la energía gastada en su producción, mantenimiento y puesta en servicio? Los aerogeneradores utilizan sólo la energía del aire en movimiento para producir electricidad. Un moderno aerogenerador de 600 kW evitará las 1.200 toneladas de CO_2 que producirían otras fuentes de energía, generalmente centrales térmicas a carbón. La energía producida por un aerogenerador durante sus 20 años de vida (en una localización promedio) es ochenta veces superior a la energía utilizada para su construcción, mantenimiento, explotación, desmantelamiento, y desguace. En otras palabras, a un aerogenerador sólo tarda en promedio dos o tres meses en recuperar toda la energía gastada en su construcción y explotación.

▶ *¿Existen suficientes recursos eólicos?*

Dinamarca es uno de los países donde está planificado que una parte importante de la energía consumida sea proporcionada por la energía eólica. De hecho, el 10 por ciento del consumo de electricidad en Dinamarca ya ha sido cubierto, en 1999, por la energía eólica, una cifra que aumentará al menos hasta el 14 por ciento en el 2003. Y de acuerdo con los planes del Gobierno ("Energy 21"), el 50 por ciento del consumo de electricidad del país provendrá del viento en el 2030. Teóricamente, los recursos eólicos sobre las aguas poco profundas de los mares en torno de Europa podrían proporcionar varias veces todo el suministro de electricidad de Europa.

Sólo en Dinamarca, el 40 por ciento del consumo actual de electricidad podría ser cubierto por los parques eólicos marinos localizados en un área de unos 1.000 kilómetros cuadrados de territorio de aguas poco profundas.

▶ *¿El viento contribuye a la producción de electricidad?*

Los aerogeneradores han crecido de manera espectacular, tanto en tamaño como en potencia producida. Un aerogenerador danés típico de la cosecha de 1980 tiene un generador de 26 kW y un diámetro de rotor de 10,5 m. Un aerogenerador moderno tiene un diámetro de rotor de 43 m y un generador de 600 kW. Producirá entre 1 y 2 millones de kilovatios hora al año. Esto equivale al consumo anual de electricidad de 300 ó 400 hogares europeos.

La última generación de aerogeneradores tiene un generador de 1.000-1.650 kW y un diámetro de rotor de 50-66 m. El mayor parque eólico en Europa, en Carno (Gales), produce el equivalente a un consumo de electricidad de 20.000 hogares. En Europa, había más de 6.600 conectados en enero de 1999, cubriendo el consumo doméstico de electricidad medio de siete millones de personas. En todo el mundo han sido instalados 10.000 MW. Esto equivale a la cantidad total de potencia nuclear que había instalada en todo el mundo en 1968.

▶ *¿Hay progresos en tecnología eólica?*

Los avances tecnológicos en aerodinámica, dinámica estructural y micrometeorología han contribuido a un incremento del 5 por ciento anual en el campo energético por metro cuadrado de área de rotor (registrado en Dinamarca entre 1980 y 1995). La introducción nueva tecnología en los nuevos aerogeneradores es continua. En cinco años el peso de los aerogeneradores daneses se ha reducido a la mitad, el nivel de sonido se ha reducido a la mitad en tres años, y la producción de energía anual ha aumentado 100 veces en 15 años.

- *¿Es costosa la energía eólica?*

La energía eólica ha llegado a ser la menos cara de las energías renovables existentes. Dado que los contenidos energéticos del viento varían con el cubo (es decir, la tercera potencia) de la velocidad del viento, la economía de la energía eólica depende mucho de cuanto viento hay en el emplazamiento. Existen además economías de escala en la construcción de parques eólicos de muchas turbinas.

Hoy en día, de acuerdo con las compañías eléctricas danesas, el coste energético por kilovatio hora de electricidad proveniente del viento es el mismo que para las nuevas centrales térmicas a carbón equipadas con dispositivo de lavado de humos, esto es, alrededor de 0,05 dólares americanos por kWh para un emplazamiento europeo medio. Estudios I+D en Europa y en los Estados Unidos apuntan hacia una mayor caída en los costes de la energía, de alrededor de un 10 a un 20 por ciento entre ahora y el año 2005.

- *¿Es segura la energía eólica?*

La energía eólica posee un récord de seguridad comprobado. Los accidentes fatales en la industria eólica sólo están relacionados con los trabajos de construcción y de mantenimiento.

- *¿Son fiables los aerogeneradores?*

Los aerogeneradores sólo producen energía cuando el viento está soplando, y la producción de energía varía con cada ráfaga de viento. Es de esperar que las fuerzas variables que actúan sobre un aerogenerador a lo largo de su vida útil de 120.000 horas de funcionamiento ejerzan en la máquina una rotura y un desgaste significativos. Los aerogeneradores modernos de alta calidad tienen un factor de disponibilidad de alrededor del 98 por ciento, es decir, los aerogeneradores están operacionales y preparados para funcionar durante una media superior al 98 por ciento de las horas del año.

Los modernos aerogeneradores sólo necesitan una revisión de mantenimiento cada seis meses.

- *¿Cuánto terreno se necesita para emplazar los aerogeneradores?*

Los aerogeneradores y las carreteras de acceso ocupan menos del uno por ciento del área de un parque eólico típico. El 99 por ciento restante puede ser utilizado para agricultura y pasto, como suele hacerse. Dado que los aerogeneradores extraen la energía del viento, hay menos energía al abrigo del viento de una turbina (y más turbulencia) que delante de ella. En parques eólicos, los aerogeneradores suelen tener que espaciarse entre 3 y 9 diámetros de rotor para no interferir demasiado entre ellos. (De 5 a 7 diámetros de rotor es la separación que más se suele utilizar). Si hay una dirección de viento dominante particular, p.ej., del oeste, las turbinas pueden situarse más próximas en la dirección que forma un ángulo recto con la primera (es decir, la norte-sur). Mientras que un aerogenerador utiliza 36 metros cuadrados, ó 0,0036 hectáreas, para producir entre 1,2 y 1,8 millones de kilovatios-hora anuales, una planta de biocombustible precisaría 154 hectáreas de bosque de sauces para producir 1,3 millones de kilovatios-hora al año. Los paneles solares (células fotovoltaicas) precisarían un área de 1,4 hectáreas para producir la misma cantidad anual de energía.

> *¿Pueden los aerogeneradores integrarse en el paisaje?*

Obviamente, las turbinas eólicas deben ser altamente visibles, dado que deben situarse en terreno abierto con mucho viento para resultar rentables. Un mejor diseño, una cuidadosa elección de los colores de la pintura -y unos esmerados estudios de visualización antes de decidir el emplazamiento- pueden mejorar de forma espectacular el impacto visual de los parques eólicos. Hay quien prefiere las torres de celosía a las torres tubulares de acero porque hacen que la torre en sí misma sea menos visible. Sin embargo, no hay pautas objetivas respecto a esto. Depende mucho del paisaje y de la armonización con las tradiciones arquitecturales de la zona. Dado que, en cualquier caso, las turbinas son visibles, suele ser una buena idea utilizarlas para resaltar las características del paisaje naturales o artificiales. Vea algunos ejemplos en la sección de la visita guiada sobre aerogeneradores en el paisaje. Al igual que otras estructuras realizadas por el hombre, las turbinas y los parques eólicos bien diseñados pueden ofrecer interesantes perspectivas y proveer al paisaje de nuevos valores arquitecturales. Las turbinas eólicas han sido un rasgo distintivo del paisaje cultural de Europa durante más de 800 años.

> ▶ *¿De qué forma se ve afectado el paisaje después de desmantelar un aerogenerador?*

Los fabricantes de aerogeneradores y los proyectistas de parques eólicos ya disponen de una importante experiencia en minimizar el impacto ecológico de los trabajos de construcción en áreas sensibles, como páramos, o montañas o en la construcción de parques eólicos en emplazamientos marinos. La restauración del paisaje circundante hasta su estado original después de la construcción se ha convertido en una tarea rutinaria para los proyectistas. Cuando la vida útil de un parque eólico ya ha transcurrido, las cimentaciones pueden volver a ser utilizadas o eliminadas completamente.

Normalmente el valor de la chatarra de una turbina eólica puede cubrir los costes de restauración del emplazamiento hasta su estado inicial.

- **¿Los aerogeneradores molestan a la fauna?**

Los ciervos y el ganado pastan normalmente bajo los aerogeneradores, y las ovejas buscan resguardo alrededor de ellos.

Mientras que las aves tienden a colisionar con las estructuras artificiales tales como líneas de alta tensión, postes o edificios, muy raras veces se ven directamente afectadas por las turbinas eólicas.

Un reciente estudio realizado en Dinamarca sugiere que el impacto de las líneas aéreas de alta tensión que llevan la corriente producida en los parques eólicos tiene un impacto mucho mayor en la mortalidad de las aves que los parques eólicos en sí mismos. De hecho los halcones están anidando y reproduciéndose en jaulas enganchadas a dos aerogeneradores daneses.

Estudios realizados en los Países Bajos, Dinamarca y los EE.UU. muestran que el impacto total de los parques eólicos sobre las aves es despreciable comparado con el impacto que tiene el tráfico rodado.

▶ *¿Los aerogeneradores pueden situarse en cualquier emplazamiento?*

El contenido energético del viento varía con el cubo (es decir, la tercera potencia) de la velocidad del viento. Con vientos dos veces mayores obtenemos ocho veces más energía. Así pues, los fabricantes y proyectistas de parques eólicos ponen mucho esmero en situar los aerogeneradores en áreas con tanto viento como les sea posible. La rugosidad del terreno, es decir, la superficie del suelo, sus contornos, e incluso la presencia de edificios, árboles, plantas y arbustos, afecta a la velocidad del viento local. Un terreno muy desigual o próximo a grandes obstáculos puede crear turbulencia que puede hacer que la producción de energía disminuya y que aumente el desgaste y la rotura en las turbinas.

El cálculo de la producción anual de energía es una tarea bastante compleja: se necesitan mapas detallados del área (hasta tres kilómetros en la dirección del viento dominante), y mediciones meteorológicas de viento muy precisas durante un periodo de un año como mínimo. Puede leer más en la sección de la visita guiada sobre recursos eólicos.

Así pues, el asesoramiento cualificado de los fabricantes experimentados o de las empresas consultoras será esencial para el éxito económico de un proyecto eólico.

> *¿Los aerogeneradores pueden ser utilizados de forma económica en áreas interiores?*

Aunque las condiciones eólicas a la orilla del mar suelen ser ideales para los proyectos eólicos, es posible encontrar zonas interiores altamente económicas para los aerogeneradores.

Cuando del viento pasa sobre una colina o a través de un paso de montaña, se comprime y acelera de forma significativa. Las cimas redondeadas de las colinas con una amplia vista en la dirección de viento dominante son ideales como emplazamiento de aerogeneradores. Las torres altas de las turbinas eólicas son una forma de incrementar la producción de energía de un aerogenerador, dado que la velocidad de viento aumenta normalmente de forma significativa con la altura sobre el nivel del suelo. En áreas de viento suave, los fabricantes pueden suministrar versiones especiales de aerogeneradores, con grandes rotores comparado con el tamaño del generador eléctrico.

Tales máquinas alcanzarán el pico de producción a velocidades de viento relativamente bajas, aunque desperdiciarán parte de la potencial energía de los vientos fuertes. Los fabricantes están optimizando sus máquinas cada vez más para las condiciones eólicas locales de todo el mundo.

▶ *¿Cómo puede ser utilizada en la red eléctrica la producción variable de los aerogeneradores?*

El mayor inconveniente de la energía eólica es su variabilidad. Sin embargo, en las grandes redes eléctricas la demanda de los consumidores también varía y las compañías de electricidad tienen que mantener capacidad de más funcionando en vacío por si una unidad de generación principal se avería. Si una compañía eléctrica puede manejar la demanda variable del consumidor, también puede técnicamente manejar el "consumo negativo de electricidad" de los aerogeneradores. Cuantos más aerogeneradores haya en la red, más se cancelarán mutuamente las fluctuaciones a corto plazo.

En la parte occidental de Dinamarca, más del 25 por ciento del suministro eléctrico procede actualmente del viento durante las noches de invierno ventosas.

> ¿Puede la energía eólica funcionar a pequeña escala?

La energía eólica puede ser utilizada en toda clase de aplicaciones -desde pequeños cargadores de batería en faros o viviendas remotas, hasta turbinas a escala industrial de 1,5 MW capaces de suministrar el consumo de energía equivalente a mil familias. Otras aplicaciones interesantes y altamente económicas incluyen la utilización de la energía eólica en combinación con generadores de emergencia alimentados con fueloil en varias pequeñas redes eléctricas aisladas de todo el mundo. Las plantas desalinizadoras en comunidades isleñas del Atlántico y del Mediterráneo constituyen otra reciente aplicación.

> ¿La energía eólica puede ser utilizada en países en vías de desarrollo?

Aunque el diseño de aerogeneradores ha llegado a ser una industria de alta tecnología, los aerogeneradores pueden ser fácilmente instalados en los países en vías de desarrollo. Los fabricantes de turbinas dan cursos de formación de personal. La instalación de los aerogeneradores proporciona puestos de trabajo en la comunidad local, y a menudo los fabricantes construyen localmente las partes pesadas de la turbinas, p.ej. las torres, una vez que el ritmo de instalación alcanza un determinado nivel.

Los aerogeneradores no requieren un caro suministro de combustible posterior, lo que constituye el principal obstáculo para varias de las otras tecnologías de generación de electricidad en áreas en vías de desarrollo. La India ha llegado a ser una de las naciones con mayor cantidad de energía eólica en el mundo, con una fabricación local considerable. La R.P. de China está actualmente tomando la delantera en Asia del Este.

▶ *¿La energía eólica crea puestos de trabajo?*

La industria eólica proporciona actualmente más de 40.000 puestos de trabajo en todo el mundo.

Sólo en Dinamarca, más de 15.000 personas viven de la industria eólica, diseñando y fabricando aerogeneradores, componentes, u ofreciendo servicios ingenieriles y de consultoría. Hoy en día el empleo en la industria eólica danesa es superior, p.ej., al de la industria pesquera. La producción de aerogeneradores danesa requiere otros 5.000 empleos en otros países que construyen aerogeneradores o que fabrican componentes de turbinas, tales como generadores y cajas multiplicadoras.

- *¿La energía eólica es popular en los países que ya disponen de un gran número de aerogeneradores?*

Sondeos de opinión en varios países europeos (Dinamarca, Alemania, Holanda y Reino Unido) muestran que más del 70 por ciento de la población está a favor de utilizar más energía eólica en el suministro de electricidad. La gente que vive cerca de aerogeneradores se muestra incluso más favorable hacia la energía eólica, con un porcentaje de más del 80 a favor. En Dinamarca, más de 100.000 poseen participaciones en alguno de los 5.200 aerogeneradores dispersos por todo el país. Más del 80 por ciento de la capacidad de energía eólica en Dinamarca pertenece a particulares o a cooperativas eólicas.

- *¿Cómo funciona el mercado de energía eólica?*

Desde 1993, las tasas de crecimiento del mercado de aerogeneradores han estado alrededor del 40 por ciento anuales, y se esperan tasas de crecimiento del

20 para los próximos diez años. Actualmente hay unos 40 fabricantes de aerogeneradores en todo el mundo. Alrededor de la mitad de las turbinas mundiales provienen de fabricantes daneses. La energía eólica está ganando terreno tanto en los países desarrollados como en aquéllos que están en vías de desarrollo. En los países desarrollados la energía eólica está sobretodo demandada por sus cualidades no contaminantes. En los países en vías de desarrollo su popularidad está relacionada con el hecho de que las turbinas pueden ser instaladas rápidamente, y con que no requieren un suministro posterior de combustible. La industria eólica es ahora una industria de 1.500 millones de dólares americanos, con un futuro extremadamente brillante, particularmente cuando las políticas energéticas de protección al medioambiente están ganando terreno internacionalmente.

▶ *¿Cómo trabajan las centrales eólicas?*

La energía eólica es una de las tecnologías más baratas para obtener energías renovables. Puede competir con las nuevas plantas de carbón y es más barata que las nuevas centrales nucleares. El coste de la energía eólica varía en función de numerosos factores. De media, un parque eólico en un buen emplazamiento puede costar entre 4 y 5 céntimos de euro por unidad, mientras que la energía nuclear cuesta entre 5 y 9 céntimos, aunque en este coste no están internalizados los costes de desguace de la planta, de descontaminación y de transporte, y almacenaje de los residuos nucleares. Esta internalización de los costes hace que la generación de electricidad a través de la eólica sea la más barata.

- *¿Cómo funciona un aerogenerador o una planta de aerogeneradores?*

Un aerogenerador es una aeroturbina (turbina que utiliza el aire para su accionamiento) utilizada para hacer funcionar un generador eléctrico. Su función es convertir la energía cinética del viento en energía eléctrica, según nos explica Emilien Simonot, desde el departamento técnico de la Asociación Empresarial Eólica (AEE). Existen diferentes tipos de aerogeneradores pero los más utilizados, y también los más eficientes, son los llamados tri-palas de eje horizontal. Según Simonet, las góndolas se colocan sobre una torre debido a que la velocidad del viento aumenta con la altura. Además, se procura situarlos lejos de obstáculos (árboles, edificios, etc.) que creen turbulencias en el aire y en lugares donde el viento sopla con una intensidad parecida todo el tiempo, para que su rendimiento sea el óptimo. Los aerogeneradores producen electricidad aprovechando la energía natural del viento para impulsar un generador. El viento es una fuente de energía limpia, sostenible que nunca se agota, y la transformación de su energía cinética en energía eléctrica no produce emisiones. Los aerogeneradores son la evolución natural de los molinos de viento y hoy en día son aparatos de alta tecnología. La mayoría de turbinas genera electricidad desde que el viento logra una velocidad de entre 3 y 4 metros por segundo, genera una potencia máxima de 15 metros por segundo y se desconecta para prevenir daños cuando hay tormentas con vientos que soplan a velocidades medias superiores a 25 metros por segundo durante un intervalo temporal de 10 minutos. Los aerogeneradores empiezan a funcionar cuando el viento alcanza una velocidad de 3 a 4 metros por segundo, y llega a la máxima producción de electricidad con un viento de unos 13 a 14 metros por segundo. Si el viento es muy fuerte, por ejemplo de 25 metros por segundo como velocidad media durante 10 minutos, los aerogeneradores se paran por motivos de seguridad.

- *¿Una turbina funciona justo al contrario que un ventilador?*

Generar energía a partir del viento es simple. El viento pasa sobre las aspas del aerogenerador y provoca una fuerza giratoria. Las palas hacen rodar un eje que hay dentro de la góndola, que entra a una caja de cambios. La caja de cambios incrementa la velocidad de rotación del eje proveniente del rotor e impulsa el generador que utiliza campos magnéticos para convertir la energía rotacional en energía eléctrica. La manera más simple de explicarlo es decir que una turbina funciona justo al contrario que un ventilador. Mientras el ventilador utiliza electricidad para hacer viento, la turbina utiliza el viento para hacer electricidad. Casi todos los aerogeneradores están formados por palas que rotan alrededor de un centro horizontal. El centro está conectado a una caja de cambios y a un generador, que están situados en el interior de la góndola. La góndola es la parte más grande que hay en lo alto de la torre, donde se concentran todos los componentes mecánicos y la mayor parte de los componentes eléctricos.

> ¿*Cómo funciona la generación eólica?*

La mayoría de turbinas tienen tres palas que se encaran hacia el viento. El viento hace rodar las palas, que hacen girar el eje, y esto se conecta al generador, que convierte el movimiento en electricidad. Un generador es, pues, una máquina que produce energía eléctrica a partir de energía mecánica, justo lo contrario que un motor eléctrico. La energía del generador, de 690 voltios, pasa por un transformador para adaptarla al voltaje necesario de la red de distribución, generalmente de entre 20 y 132 kilovoltios. Las redes regionales de distribución eléctrica reparten la energía por todo el país, tanto para hogares como negocios. Desde la Asociación Empresarial Eólica, Emilien Simonot la energía eólica se emplea, fundamentalmente, para generar electricidad que se entrega a la red, por eso lo habitual es instalar varios aerogeneradores juntos, que forman un parque eólico. Así se aprovechan mejor los recursos de viento del lugar, se reducen los costes de instalación, se construyen menos líneas eléctricas y se reducen los impactos ambientales.

> *¿Se sitúan sobre todo en cimas de colinas o en zonas costeras?*

Lógicamente, se procura situarlos siempre en lugares donde se den las mejores condiciones de viento, caso de las cimas de las colinas y montañas o zonas costeras, porque allí el viento es siempre más fuerte. Existen centros de control para uno, varios o muchos parques eólicos que regulan la puesta en marcha de los aerogeneradores, controlan la energía que producen en cada momento, reciben partes meteorológicos, etc. Para que puedan ser construidos, los parques eólicos deben someterse a un estudio de impacto ambiental previo. Este estudio incluye el impacto de las obras y de los tendidos eléctricos, afectaciones a la fauna y flora, o impacto visual. También se analiza si pueden perjudicar a los valores culturales e históricos de la zona. Tanto los aerogeneradores terrestres como los marinos tienen en la parte superior de la góndola dos instrumentos que miden la velocidad y la dirección del viento. Cuando el viento cambia de dirección, los motores giran la góndola y las palas se mueven con ella para ponerse de cara al viento. Las aspas también se inclinan o se ponen en ángulo para asegurar que se extrae la cantidad óptima de energía a partir del viento. Toda esta información queda grabada en los ordenadores y se transmite a un centro de control. En los parques eólicos, que son agrupaciones de más de un aerogenerador, hay entre 0 y 6 personas trabajando físicamente, en función de la cantidad de aerogeneradores. Cada aerogenerador es revisado periódicamente. Los ordenadores controlan los diferentes componentes de la turbina y, si detectan un problema, hacen que la turbina deje de funcionar y alertan a un técnico o ingeniero para que la revise.

- ¿Qué medida tienen los rotores?

Las torres suelen tener forma de tubo y están hechas de acero, generalmente pintado de gris. Algunas son de hormigón. Las palas están hechas de fibra de vidrio con un corazón de madera. Son de color gris claro porque es lo que menos se ve en la mayoría de condiciones de luz. El acabado es mate, para reducir los reflejos. Los grandes aerogeneradores modernos tienen rotores de más de 90 metros de diámetro, mientras que las más pequeñas, que son las que se instalan habitualmente en países en vías de desarrollo, tienen rotores de unos 30 metros de diámetro. Las torres tienen entre 25 y 100 metros de altura. En cuanto a las cifras que aporta este tipo de energía en España, y según el avance de 2013 del operador del sistema, Red Eléctrica de España (REE), la cobertura de la demanda con eólica ha sido del 21,1%. La producción eólica en 2013 ha sido de 53.926 GWh, un 12% más que en el 2012. Según los cálculos de la Asociación Empresarial Eólica, esta generación es suficiente para abastecer a 15,5 millones de hogares medios españoles. Es decir, prácticamente todos.

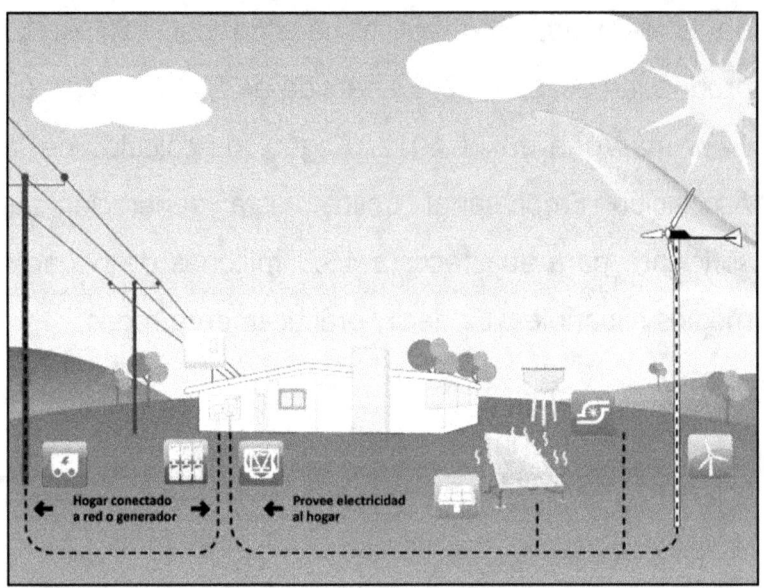

Manual de
ENERGÍA EÓLICA
Funcionamiento, dimensionado y costes

Ing. Miguel D'Addario

**Primera edición
2016
CE**

www.ingramcontent.com/pod-product-compliance
Lightning Source LLC
Chambersburg PA
CBHW071811200526
45169CB00017B/75